Wirbeltiere

Arbeitsheft
für die Klassenstufe 5/6

Herausgegeben von:
Monika Böger

Bearbeitet von:
Monika Böger
Marlies Jentsch
Dr. Harald Kähler
Claus Georg Krieger
Dr. Eckhard Philipp
Wolf-Dieter Schmidt
Michael Walory

Unter Mitwirkung der Verlagsredaktion

Illustrationen
Tom Menzel

ISBN 3-507-**76830**-5

Druck A 5 4 3 2 1 / Jahr 2003 2002 2001 2000 1999

Alle Drucke der Serie A sind im Unterricht parallel verwendbar, da bis auf die Behebung von Druckfehlern unverändert. Die letzte Zahl bezeichnet das Jahr dieses Druckes.

RECYCLING
Gedruckt auf umweltfreundlichem Recycling-Papier (100 % Altpapieranteile)

Satz: O&S Satz GmbH, Hildesheim
Druck und Verarbeitung: Oeding Druck GmbH, Braunschweig

Inhaltsverzeichnis

Hinweis: Einige Seiten in diesem Band sind nicht bedruckt. Es handelt sich um Rückseiten von Ausschneide-Material.

Säugetiere

Vögel

Inhaltsverzeichnis

Kriechtiere

Lurche

Fische

Stammesentwicklung und Ordnung der Wirbeltiere

4 Bist du reif für einen Hund?

Beantworte die folgenden Fragen und markiere die zutreffende Punktzahl bei jeder Frage an. Ermittle anschließend die Gesamtpunktzahl.

Frage	Punktzahl	
1. Hast du täglich mindestens zwei Stunden Zeit?	Ja ④	Nein ⓪
2. Stehst du gern früh auf?	Ja ④	Nein ②
3. Gehst du gern spazieren?	Ja ⑤	Nein ②
4. Bist du ein Einzelkind?	Ja ④	Nein ②
5. Bist du viel allein?	Ja ⑤	Nein ②
6. Soll der Hund fehlende Geschwister ersetzen?	Ja ③	Nein ⑤
7. Lebst du in einem Haus mit Garten?	Ja ⑤	Nein ②
8. Lebst du auf dem Land?	Ja ⑤	Nein ③
9. Hast du dich schon mit Hundeerziehung beschäftigt?	Ja ⑤	Nein ③
10. Nenne 4 verschiedene Bereiche, in denen ein Hund Kosten verursacht. Für jeden Bereich erhältst du einen Punkt. A. ______________ C. ______________ B. ______________ D. ______________	Punktzahl:	
11. Wie alt wird ein Hund durchschnittlich?	Fünf Jahre: ⓪ Zehn Jahre: ② Vierzehn Jahre: ⑤	
12. Was machst du mit deinem Hund in den Ferien? Du gibst ihn in eine Hundepension. Du nimmst den Hund mit in die Ferien.	 ⓪ ⑤	
Gesamtpunktzahl:		

Auswertung:

20 bis 30 Punkte: Du bist noch nicht reif für einen Hund. Die folgenden Ratschläge können dir helfen: Besorge dir einige Bücher in der Bücherei über Hunderassen, Hundepflege und Hundeerziehung. Besuche mit deinen Eltern ein Tierheim. Viele Tierheime leihen auch einmal einen Hund für einige Stunden aus. Stelle einmal einen möglichen Tagesplan für deinen Hund und dich auf. Berechne die monatlichen Kosten für einen Hund deiner Wahl.

31 bis 40 Punkte: Du solltest dir die Anschaffung eines Hundes nochmals gründlich überlegen. Überprüfe nochmals gründlich die Fragen, die dir wenige Punkte eingebracht haben. Überprüfe dich selbst, ob du alle Fragen ehrlich beantwortet hast. Befolge zusätzlich die oben angegebenen Ratschläge.

über 41 Punkte: Ein Hund wäre bei dir gut aufgehoben.

Der Hund als Helfer des Menschen

A

B

C

D

E

F

G

H

I

1. Bezeichne die abgebildeten Hunde nach ihrer dargestellten Tätigkeit und nenne die jeweilige Eigenschaft des Hundes, die der Mensch dabei nutzt.

A: ______________________________
____
____

B: ______________________________
____
____

C: ______________________________
____
____

D: ______________________________
____
____

E: ______________________________
____
____

F: ______________________________
____
____

G: ______________________________
____
____

H: ______________________________
____
____

I: ______________________________
____
____

6 Die Hundesprache und ihre Erklärung (1)

1. Der Hund döst oder ______________________.

Du solltest ihn jetzt nicht ohne Vorwarnung anfassen. Er würde ______________________ und zur eigenen Verteidigung ______________________.

2. Mit einem Rückenroller zeigt der Hund seine ______________________ oder es stellt eine Aufforderung zum Spielen und ______________________ dar.

3. Der Hund springt an dir hoch, ______________________ mit der ______________________ und bellt. Vielfach läuft er auch vor dir im Kreis. Der Hund ist in ______________________ Stimmung.

4. Der Hund zeigt eine aufrechte Körperhaltung mit gestreckten Beinen. Die ______________________ ist starr nach ______________________ gerichtet. Das ______________________ ist geschlossen und aufrecht nach ______________________ gestellt.

Diese Haltung wird als Imponierhaltung bezeichnet.

Die Hundesprache und ihre Erklärung (2)

5. Der Körper und die Rute des Hundes sind gestreckt. Das Fell ist ______________________. Das Maul ist ______________________ und der Hund zeigt sein ______________________. Der Hund stößt Knurrlaute aus. Diese Haltung wird als Beißdrohstellung bezeichnet.

6. Der Hund hat zurückgelegte ______________________, einen runden Rücken und eine zwischen die Hinterbeine geklemmte ______________________. Der Hund macht sich möglichst klein. Diese Haltung wird als Demutsgebärde bezeichnet.

1. Ergänze die Lückentexte.

2. Schneide die folgenden Textbausteine aus und klebe sie in die passenden Zeilen unter die Lückentexte ein.

In die menschliche Sprache übersetzt: „komm kraule mich und spiele mit mir".

In die menschliche Sprache übersetzt: „kein Schritt näher, ich greife sonst an und beiße".

In die menschliche Sprache übersetzt: „komm spiel mit mir oder geh mit mir Gassi".

In die menschliche Sprache übersetzt: „ich bin ängstlich, ich ordne mich unter".

In die menschliche Sprache übersetzt: „erst beißen und dann schauen, es könnte ja ein Feind sein".

In die menschliche Sprache übersetzt: „sieh her wie groß und stark ich bin, komm mir nicht zu nahe, ich fühle mich bedroht".

Aufbau und Funktion von Hundegebiss und Hundefuß

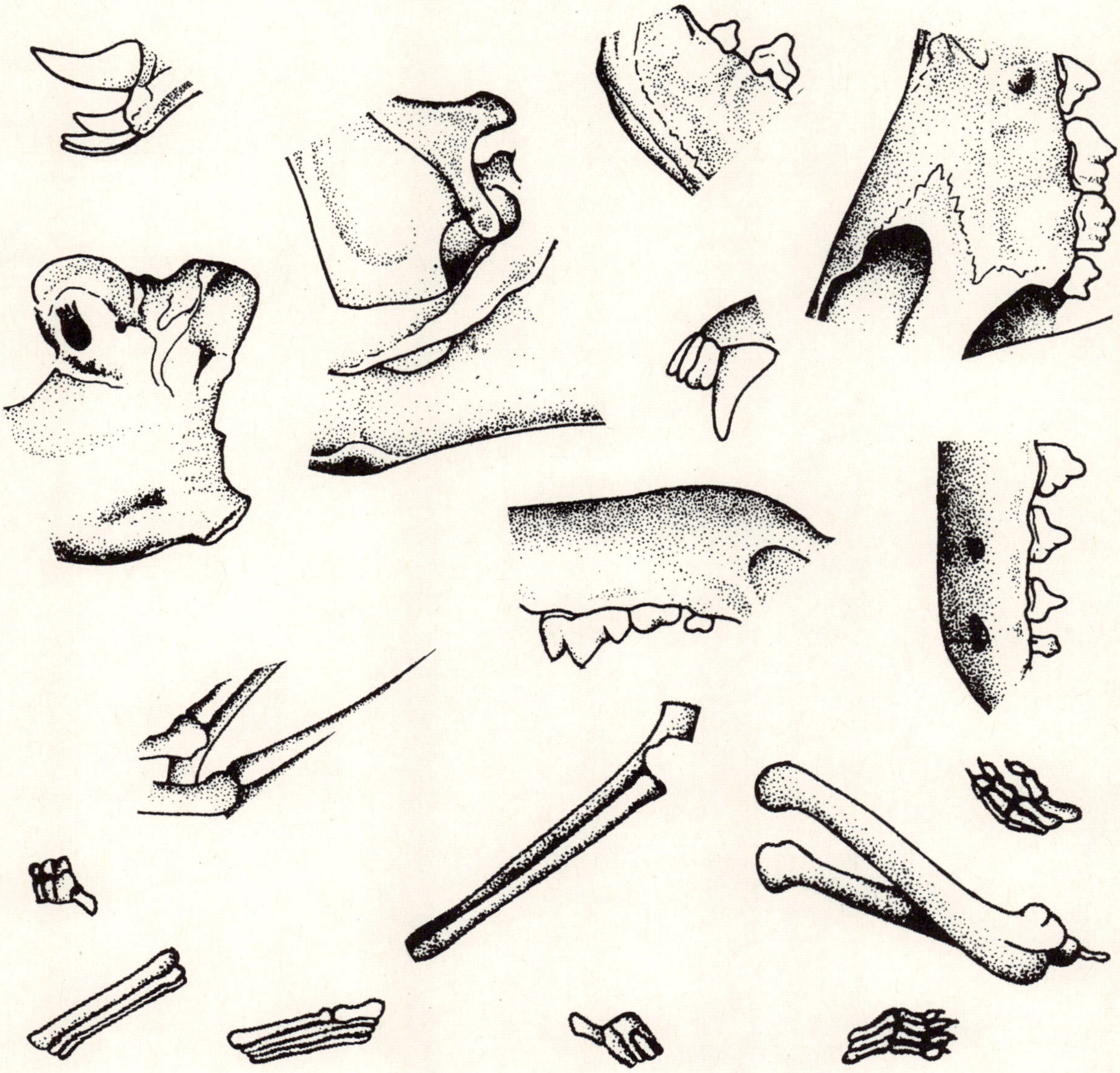

1. Schneide die einzelnen Teile des Hundeschädels und des vorderen Beinskeletts aus und klebe sie auf einem Blatt Papier richtig zusammen.

2. Benenne die verschiedenen Zahntypen im Hundegebiss und gib deren Funktion an:

____

____

____

3. Beschrifte die Knochen des vorderen Beinskeletts. Erläutere, warum man den Hund auch als Zehengänger bezeichnet.

____

____

Katzen sind an ihre Lebensweise angepasst

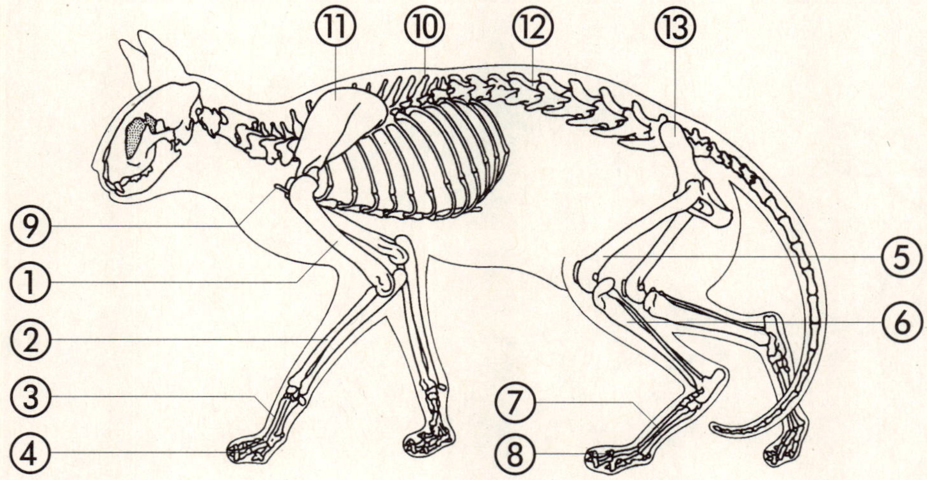

1. Ordne den folgenden Skelettteilen die richtigen Ziffern zu:

Zehe (   ), Unterschenkel (   ), Mittelhand (   ), Finger (   ), Oberschenkel (   ), Mittelfuß (   ), Unterarm (   ), Oberarm (   ), Brustbein (   ), Wirbelsäule (   ), Becken (   ), Rippen (   ), Schulterblatt (   ).

2. Erläutere mithilfe der folgenden Abbildungen, inwiefern der Bau des Skeletts eine Anpassung an die Jagdweite der Katze darstellt.

____

____

____

3. Beschreibe mithilfe der folgenden Abbildung die Arbeitsweise der Krallen einer Katze.

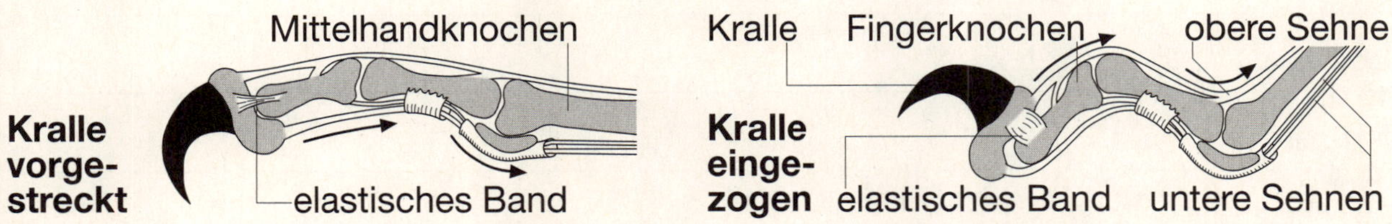

____

____

____

____

12 Wie jagen Katze und Hund?

Anschleichende Katze

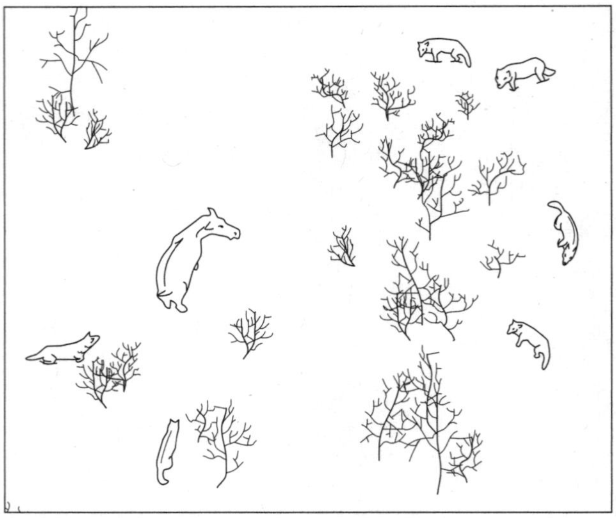

Jagendes Wolfsrudel

Unter den Wirbel- und Säugetieren gibt es Raubtiere, die von anderen Tieren leben. Sie unterscheiden sich in ihrer Jagdweise. Sie können ihre Beute einzeln (Einzeljäger) oder gemeinsam mit anderen Artgenossen (Rudeljäger) erjagen. Auch die Jagdart ist unterschiedlich. Einige Raubtiere schleichen sich an ihre Beutetiere heran und erlegen sie im Sprung (Schleichjäger). Andere hetzen ihre Beute (Hetzjäger) und stellen schließlich die ermüdete Beute. Es gibt Raubtiere, die in der Dämmerung oder auch nachts und andere die tagsüber und in der Dämmerung jagen. Für das Jagen sind die Tiere unterschiedlich ausgestattet. So können der Gehör-, Gesichtssinn oder Geruchssinn besonders gut ausgebildet sein. Als Zehengänger können sie kurze oder auch längere Strecken schnell zurücklegen. Bei den Hetzjägern sind die Krallen der Vorder- und Hinterbeine in der Regel feststehend und können nicht in die Pfoten (Tatzen) zurückgezogen werden. Die Schleichjäger können dagegen die Krallen einziehen, um sich möglichst geräuschlos an ihre Beute heranzuschleichen. Alle besitzen ein Raubtiergebiss, in dem Eckzähne als Fangzähne und Backenzähne als Reißzähne besonders gut ausgebildet sind.

1. Lies den Text aufmerksam durch. Welche Eigenschaften würdest du eher der Katze, welche eher dem Hund zuordnen? Fülle zur Beantwortung der Frage die folgende Tabelle aus.

Eigenschaft	**Katze**	**Hund**
Jagdart		
Jagdweise		
Jagdzeit		
Besondere Sinne		
Fortbewegungsart		
Krallen in den Tatzen		
Gebiss		

Katzen und Hunde haben ein Raubtiergebiss

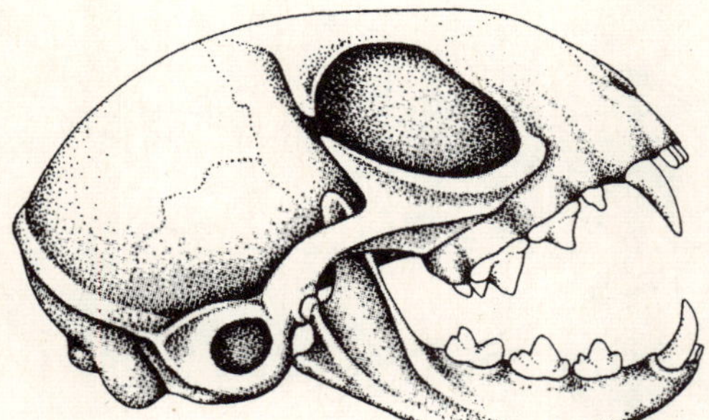

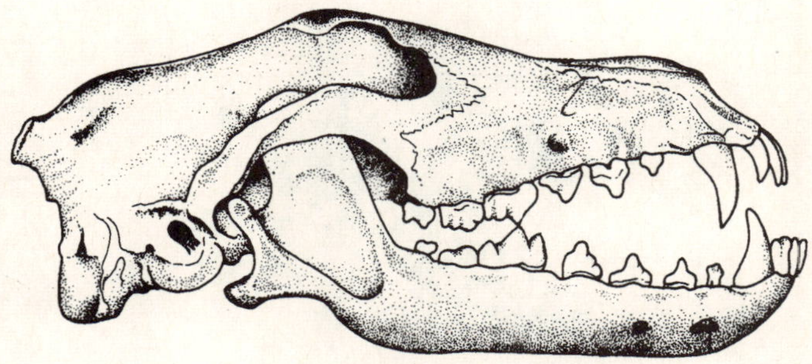

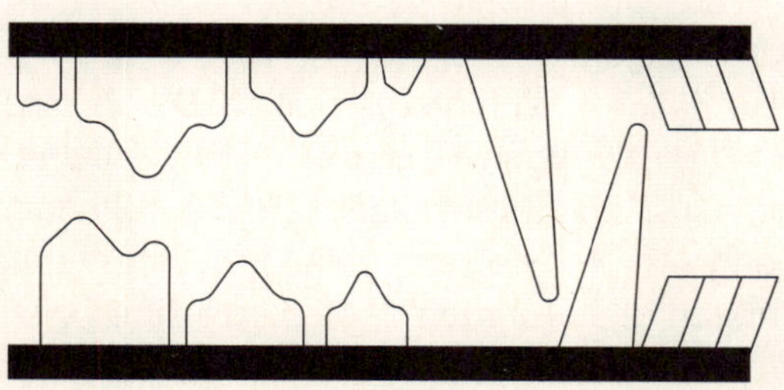

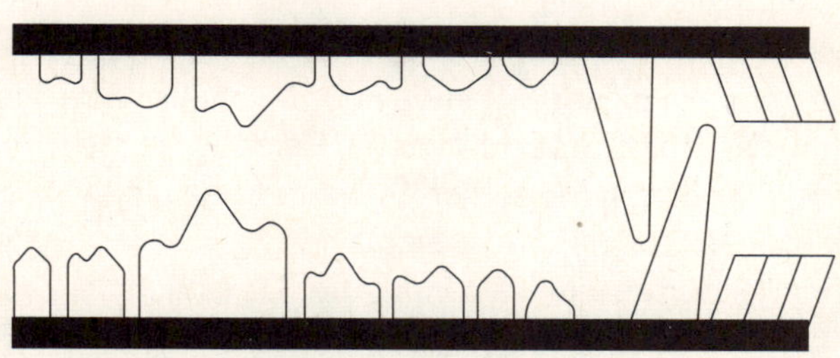

1. Male die Zähne in den Abbildungen und den Schemata farbig an. Verwende die Farbe gelb für die Schneidezähne, blau für die Eckzähne und rot für die Backenzähne.

2. Die Zahnformel gibt die Anzahl der Zähne in den vier Kieferhälften wieder: linke und rechte Oberkieferhälfte sowie linke und rechte Unterkieferhälfte. Trage für jede Hälfte die Zahl der Schneidezähne, der Eckzähne und der Backenzähne ein (von innen nach außen).

Katze

Hund

3. Welche Zähne bezeichnet man als „Fangzähne“ bzw. „Reißzähne“. Erläutere diese Bezeichnungen.

Das Rind als Milchlieferant

Kuh und Kalb

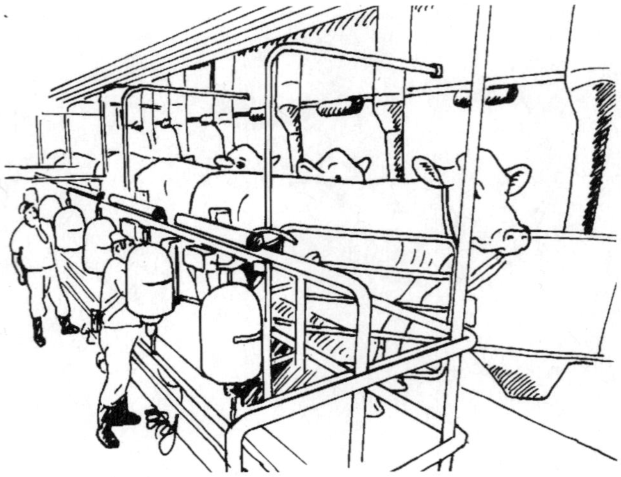

Kühe im Melkstand

Rinder säugen ihre Kälber normalerweise 6–7 Monate. Sie geben in dieser Zeit etwa 600 l Milch. Danach beginnt das Kalb, Gras zu fressen. Es saugt immer seltener Milch vom Muttertier. Dies führt dazu, dass der Milchfluss beim Rind versiegt.
Milchrinder dürfen ihre Kälber nur drei Tage nach der Geburt säugen. Die Milch dieser ersten Tage ist sehr fettreich, von gelber Farbe und für den Menschen ungeeignet. Nach drei Tagen bilden die Rinder dann für den Menschen genießbare Milch. Nun werden die Kälber von der Mutter getrennt und daran gewöhnt, aus einem Eimer zu trinken. Sie erhalten entweder in Wasser aufgelöstes Milchpulver oder einen Teil der maschinell gemolkenen Milch. Die Rinder werden jetzt 2x täglich maschinell gemolken. Durch das häufige Melken erzeugen sie so viel Milch, dass das Kalb davon etwas bekommen kann und die weitaus größte Menge an die Molkerei geliefert werden kann. In den ersten drei Monaten nach dem Kalben gibt das Rind besonders viel Milch, danach sinkt die Milchmenge, bis sie nach etwa 300 Tagen gänzlich versiegt. 6–8 Wochen vor dem nächsten Kalben werden sie jedoch nicht mehr gemolken.
Es konnten spezielle Milchrinderrassen gezüchtet werden, die besonders viel Milch erzeugen. Sie geben bis zu 10 000 Liter Milch in einem Jahr.

1. Vergleiche das Rind, das seine Kälber die ganze Zeit über säugt, mit einem Milchrind. Ermittle dazu die jeweils produzierte Milchmenge pro Jahr und die Dauer der Milchproduktion nach dem Kalben.

____

____

2. Wie wird die Milchproduktion beim Milchrind gesteigert?

____

____

____

3. Begründe, warum ein Milchrind einmal im Jahr kalben soll.

____

____

____

Aufbau und Funktionen eines Wiederkäuermagens

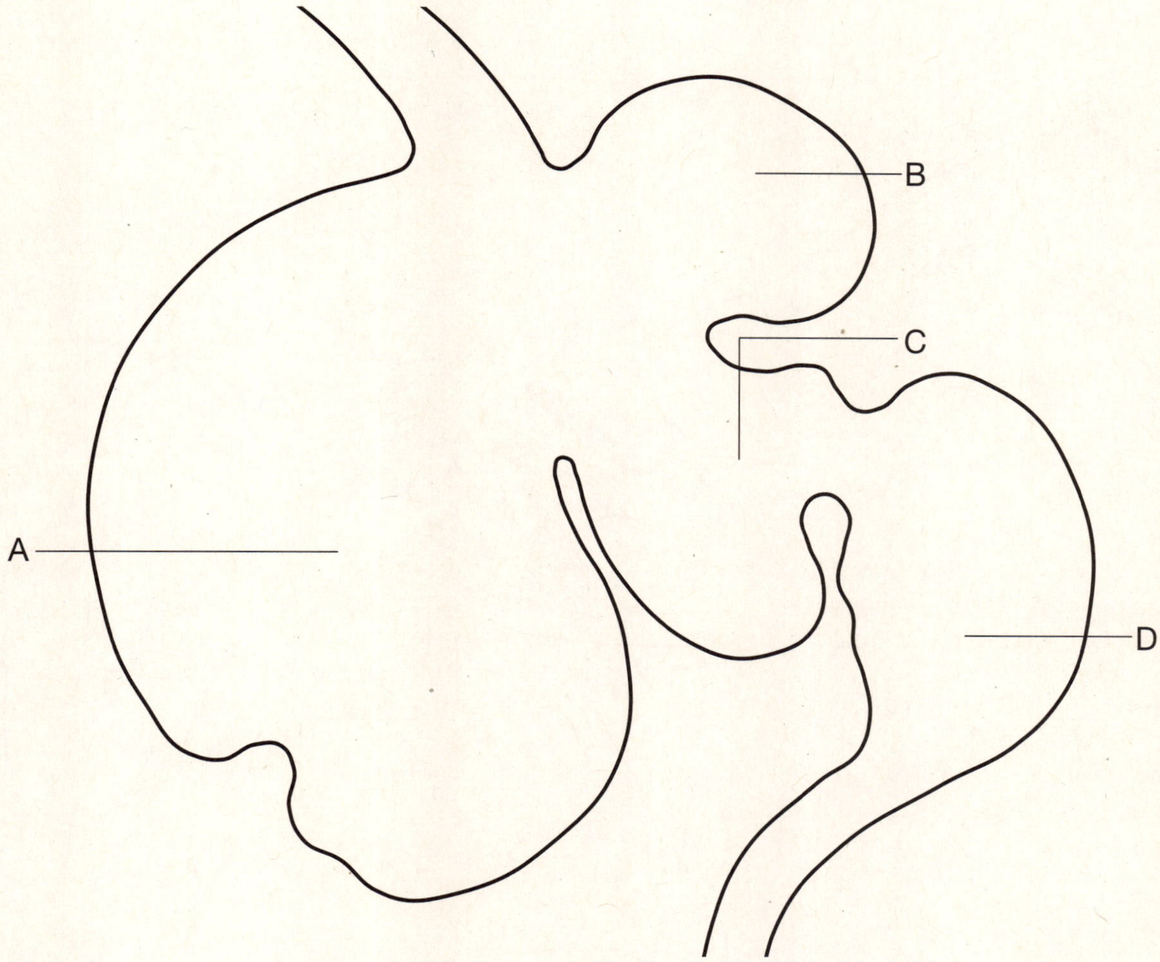

1. Trage in die Tabelle die Bezeichnung der vier Magenabschnitte eines Wiederkäuermagens ein und gib deren Funktionen an.

	Magenabschnitt	Funktion
Ⓐ		
Ⓑ		
Ⓒ		
Ⓓ		

2. Zeichne in die obige Abbildung den Weg der Nahrung ein. Wähle für den Weg der Nahrung bis zum Wiederkäuen die Farbe grün, für den Weg der Nahrung nach dem Wiederkäuen die Farbe rot.

3. Erkläre die Aufgabe der Schlundrinne.

___

___

___

16 Der Körperbau des Pferdes

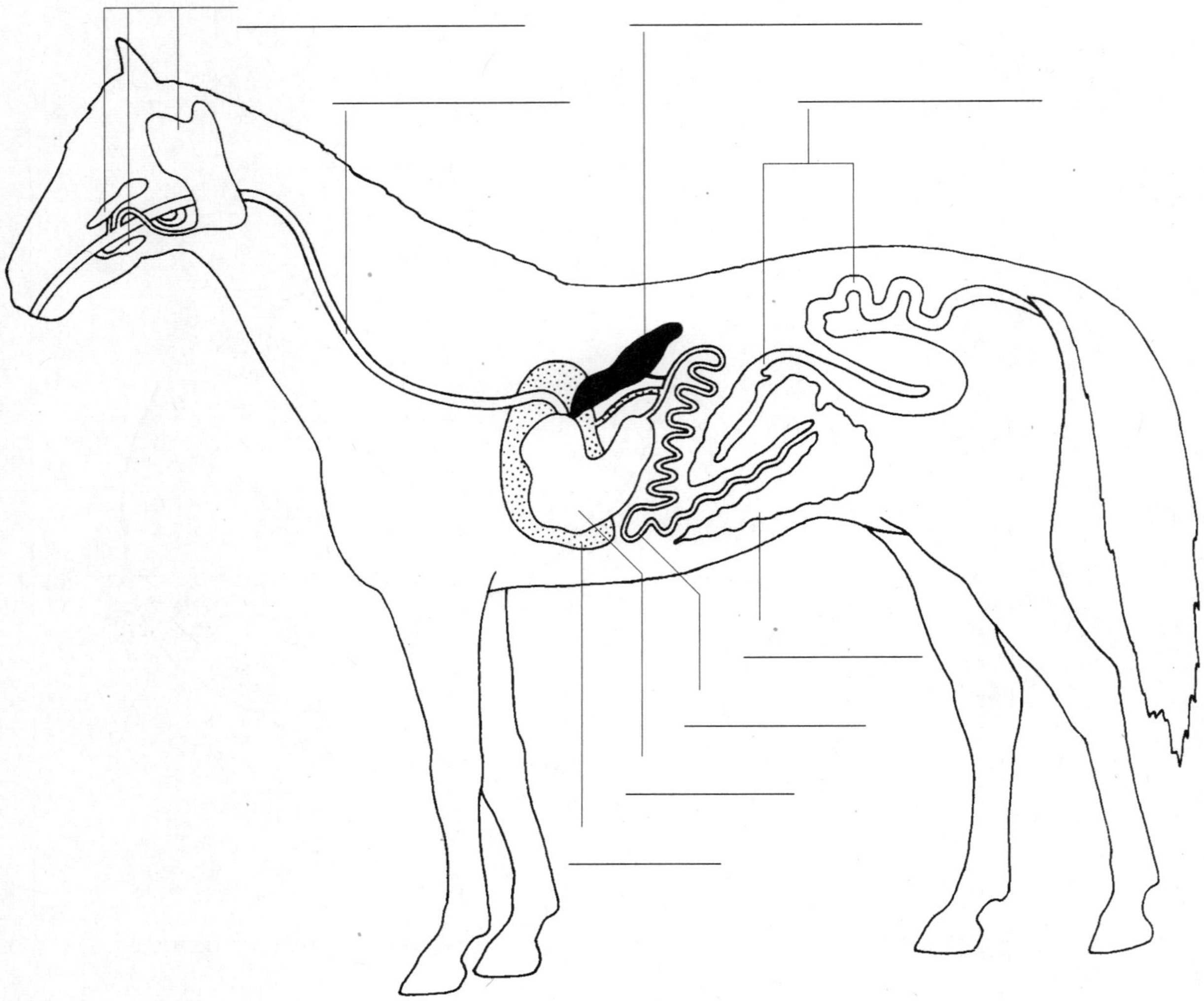

1. Beschrifte die Abbildung. Hilfestellung: Die richtigen Begriffe kann man sich durch einen Vergleich mit dem Bau des Menschen erschließen.

2. Der Blinddarm des Pferdes erfüllt eine ähnliche Aufgabe wie der Pansen des Rindes. Nenne sie.

____

____

Schritt Hufspur Nr. ________

Trab Hufspur Nr. ________

Galopp Hufspur Nr. ________

Hufspur Nr. 1:

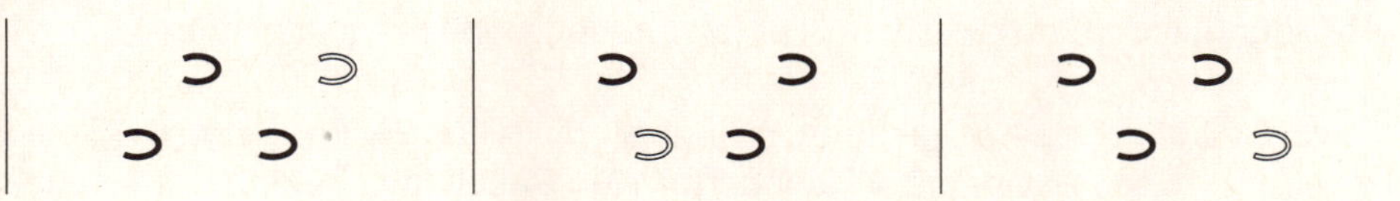

Hufspur Nr. 2:

Hufspur Nr. 3:

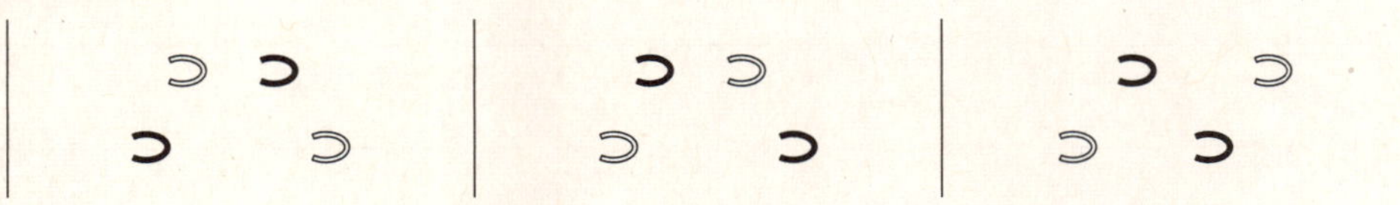

1. Ordne jeder Gangart die entsprechende Hufspur zu. *Hinweis:* Die schwarzen Hufspuren sind die belasteten.

2. Beschreibe die drei Gangarten beim Pferd.

____

____

____

18 Die inneren Organe des Hausschweins

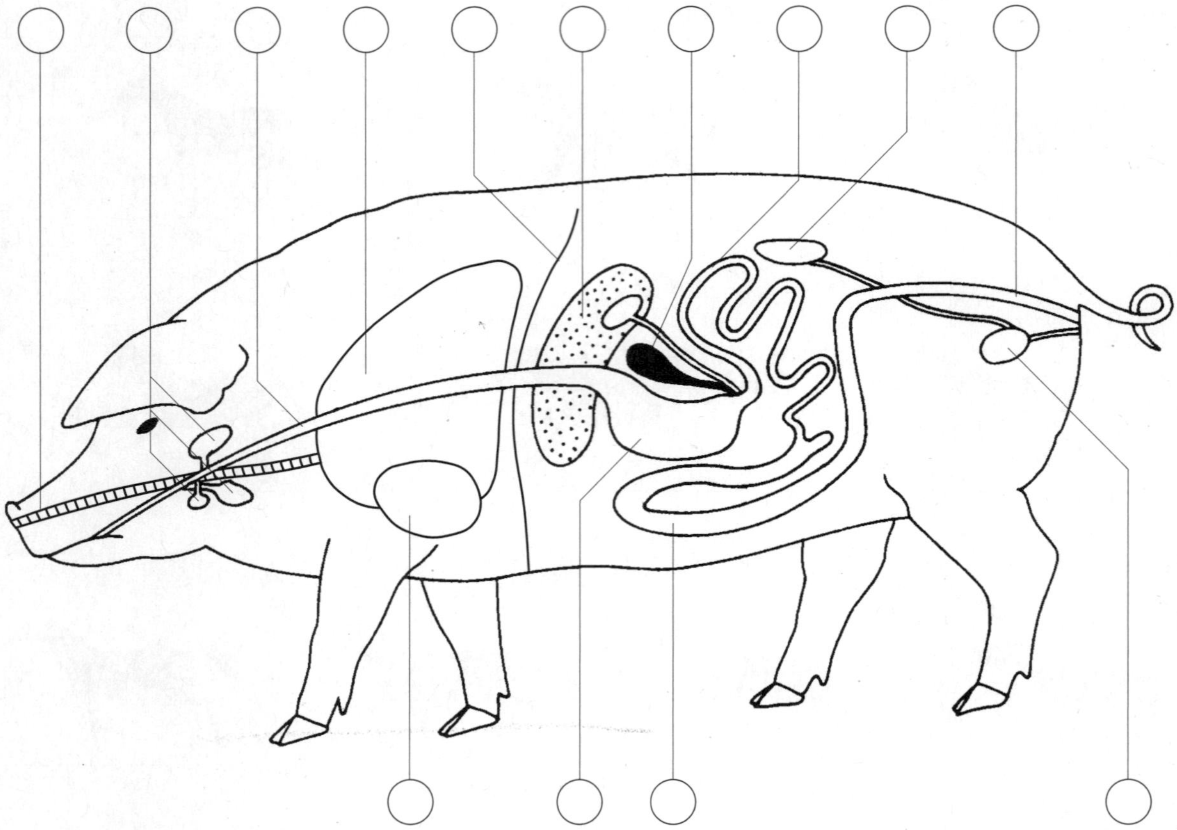

1. Beschrifte die Abbildung, indem du die Ziffern der folgenden Begriffe richtig einträgst:

1 = Harnblase, 2 = Herz, 3 = Luftröhre, 4 = Dickdarm, 5 = Lunge, 6 = Niere, 7 = Enddarm, 8 = Speicheldrüsen, 9 = Magen, 10 = Leber, 11 = Speiseröhre, 12 = Dünndarm, 13 = Bauchspeicheldrüse, 14 = Zwerchfell.

2. Male die verschiedenen Organe farbig aus. Wähle die Farbe grün für die Verdauungsorgane und die Farbe blau für die Organe des Atmungssystems.

3. Gib die Namen der übrigen Organe an und nenne ihre Aufgabe.

Wildschwein und Hausschwein – ein Vergleich

	Wildschwein	Hausschwein
Aussehen		
Nahrung	Samen und Früchte des Waldes, Vogeleier, Würmer und Larven, Wurzeln und Pilze, Aas.	Mastfutter; sonst Kartoffeln, Schrot und Küchenabfälle.
Gebiss	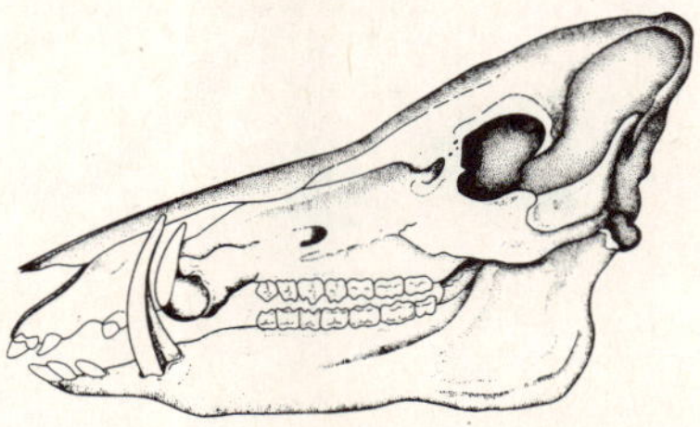	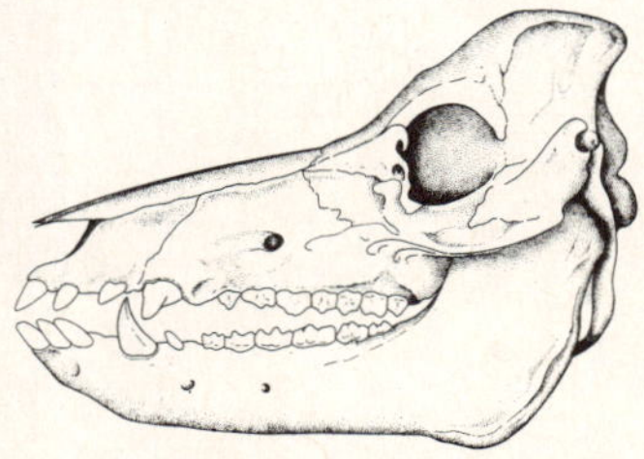
Lebensweise	Bachen und Jungtiere im Rudel; tagsüber im Dickicht, abends und nachts aktiv; durchwühlt mit dem Rüssel den Boden, sucht Schlammlöcher zum Suhlen auf.	In Ställen, dort zu vielen Tieren in engen Boxen. Bei Freilauf wühlt es im Boden und suhlt sich im Schlamm.
Fortpflanzung	Einmal im Jahr werden 4–12 Jungtiere geboren.	Zweimal im Jahr werden bis zu 20 Jungtiere geboren.
Sinnesorgane	Gutes Gehör, guter Geruchssinn, Gehirn dreimal so groß wie beim Hausschwein.	Schwach ausgebildete Sinnesorgane, kleines Gehirn.

1. Vergleiche Wildschwein und Hausschwein. Achte dabei besonders auf das Haarkleid, die Kopfform, die Form des Rumpfes, das Gebiss und die Sinnesorgane.

____

____

____

2. Das Hausschwein ist durch Züchtung aus dem Wildschwein entstanden. Worauf haben die Züchter besonders viel Wert gelegt?

____

____

____

20 Der Fuchs – ein Raubtier

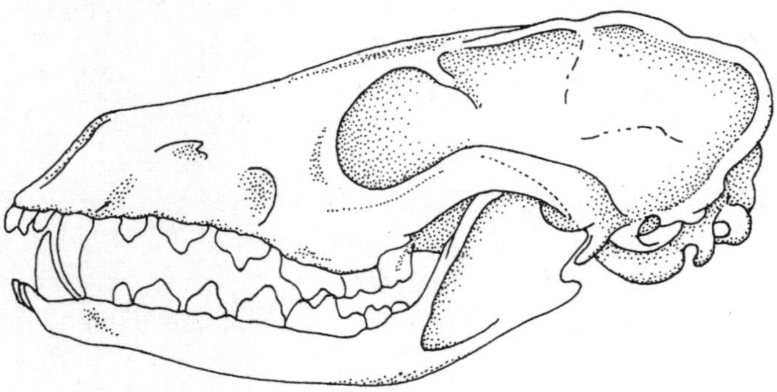

1. Der Fuchs ist in der anschaulichen Jägersprache beschriftet. Notiere in Klammern die sonst üblichen Begriffe.

2. Schreibe die Zahnformel des Gebisses in das abgebildete Zahnkreuz und nenne die Gebissart des Fuchses.

____

3. Vergleiche das Gebiss mit dem von Hund und Katze und beantworte folgende Frage: Ist der Fuchs mit dem Hund oder der Katze verwandt?

____

____

____

Der Fuchs – seine Ernährung im Sommer und Winter

Der Fuchs ist ein Raubtier. So jagt er Mäuse, Kaninchen und Eichhörnchen. Er frisst aber auch Vögel, Regenwürmer, Käfer und Insekten. Daneben gehören auch Früchte, Gräser und Pilze zu seiner Nahrung. Welche Nahrung er vorwiegend frisst, hängt sehr von der Jahreszeit ab.

Zusammensetzung der Nahrung:		Sommer	Winter
Säugetiere	  	etwa 30 %	etwa 60 %
Vögel	  	etwa 10 %	etwa 24 %
Insekten	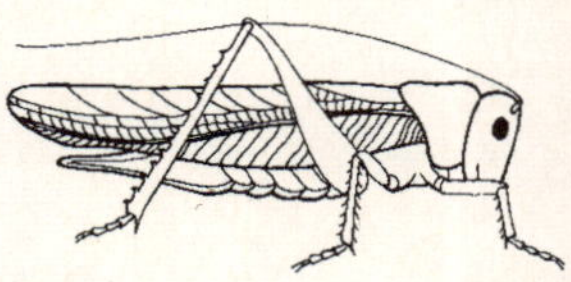 	etwa 30 %	etwa 8 %
Pflanzen	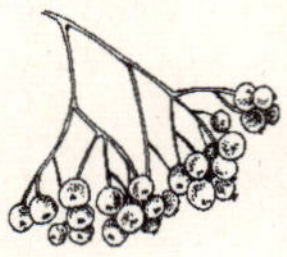 	etwa 30 %	etwa 8 %

1. Vergleiche die Zusammensetzung der Nahrung im Sommer und im Winter.

2. Erkläre die beobachteten Unterschiede.

22 Der Rehbock und sein Geweih

A Der Kopf des Rehbockes

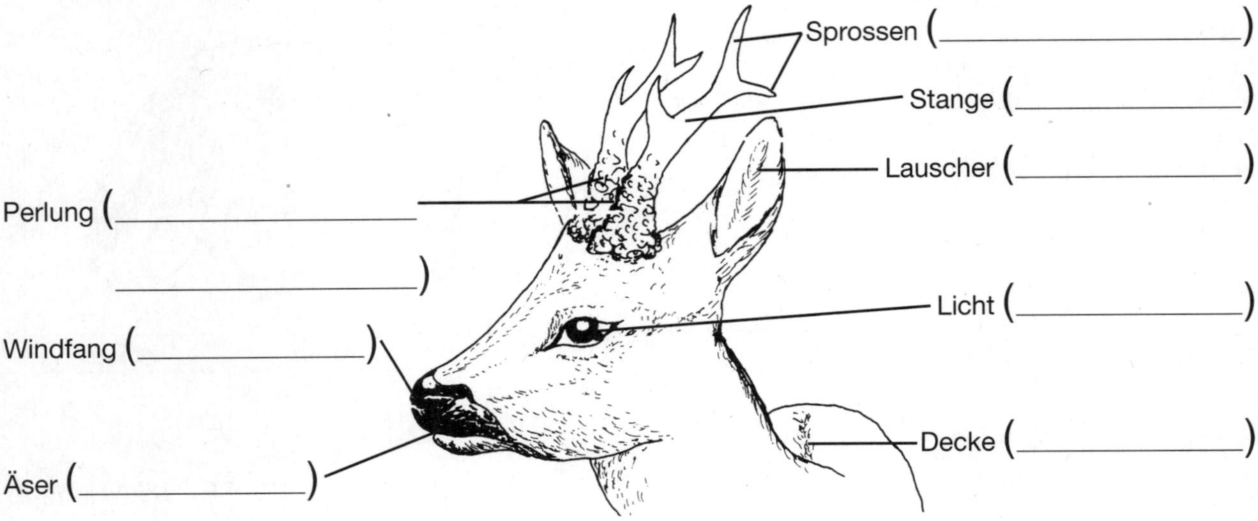

B Geweihbildung beim Rehbock

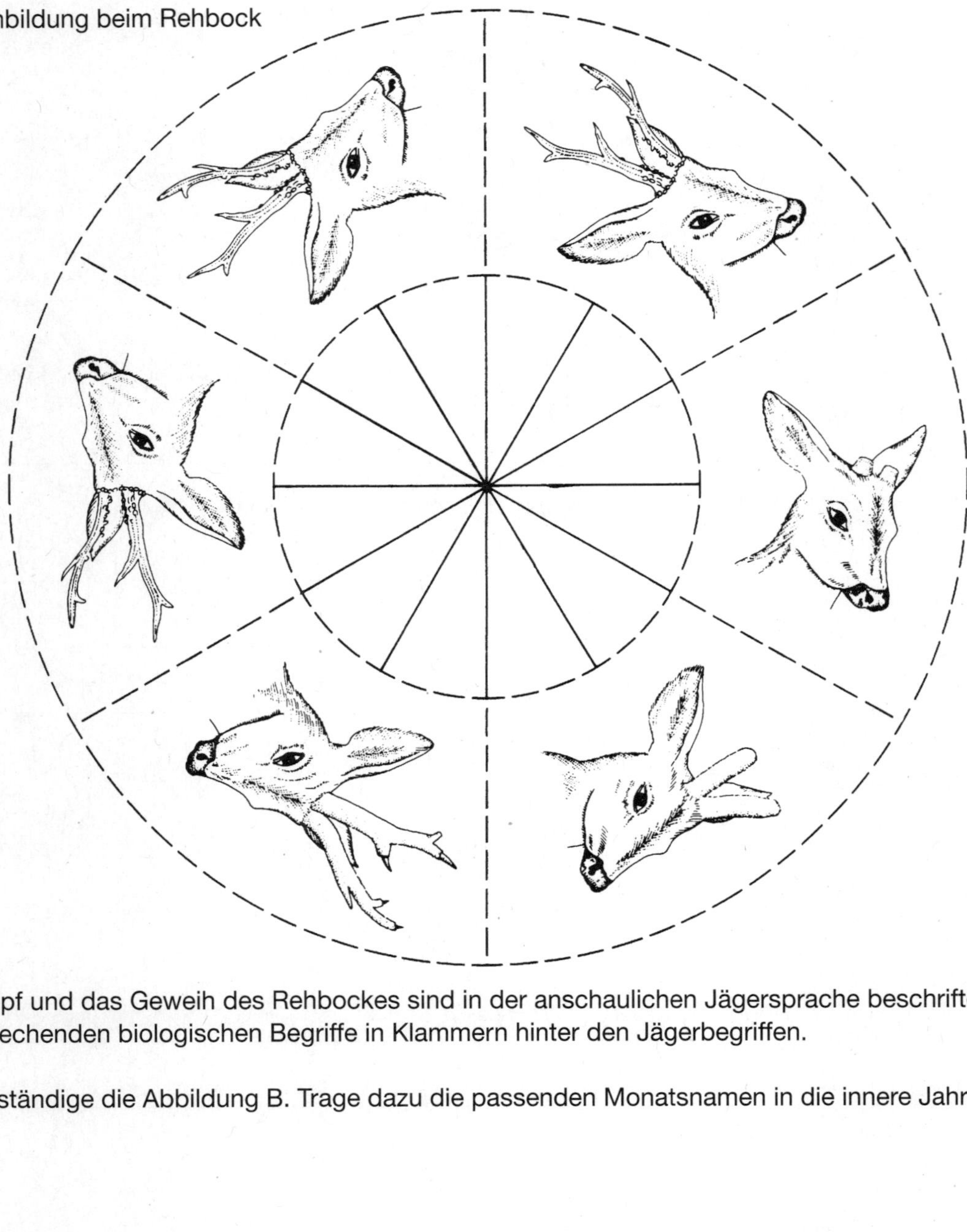

1. Der Kopf und das Geweih des Rehbockes sind in der anschaulichen Jägersprache beschriftet. Notiere die entsprechenden biologischen Begriffe in Klammern hinter den Jägerbegriffen.

2. Vervollständige die Abbildung B. Trage dazu die passenden Monatsnamen in die innere Jahresuhr ein.

Feldhase und Kaninchen im Vergleich

Die Jungen sind Nesthocker.

Sie sind Einzelgänger.

Die Jungen sind nackt und blind.

Sie ernähren sich von Pflanzen.

Die Jungen sind vollständig behaart und können sehen.

Sie haben Nagezähne.

Sie sind Fluchttiere.

Sie ernähren sich von Pflanzen.

Sie leben in Bodenmulden, den Sassen.

Sie haben Nagezähne.

Ihre Körperlänge beträgt ca. 60 cm.

Sie leben in unterirdischen Gangsystemen.

Sie sind Fluchttiere.

Es werden bis zu 3–4-mal im Jahr 2–5 Junge geboren.

Es werden bis zu 5-mal im Jahr 4–12 Junge geboren.

Sie leben in Kolonien.

Ihre Feinde sind Habicht, Bussard, Fuchs, Marder, Hund und Katze.

Die Jungen sind Nestflüchter.

Sie besitzen verhältnismäßig kleine Lungen und sind daher Kurzstreckenläufer.

Ihre Körperlänge beträgt ca. 40 cm.

Sie besitzen große Lungen und sind daher Schnell- und Langstreckenläufer.

Ihre Feinde sind Habicht, Bussard, Fuchs, Marder, Hund und Katze.

1. Schneide die Aussagen und die Abbildungen aus und klebe sie passend unter die Überschriften „Kaninchen“ und „Feldhase“ in dein Heft.

Die Abbildung zeigt den unterirdischen Bau einer Kaninchenfamilie.

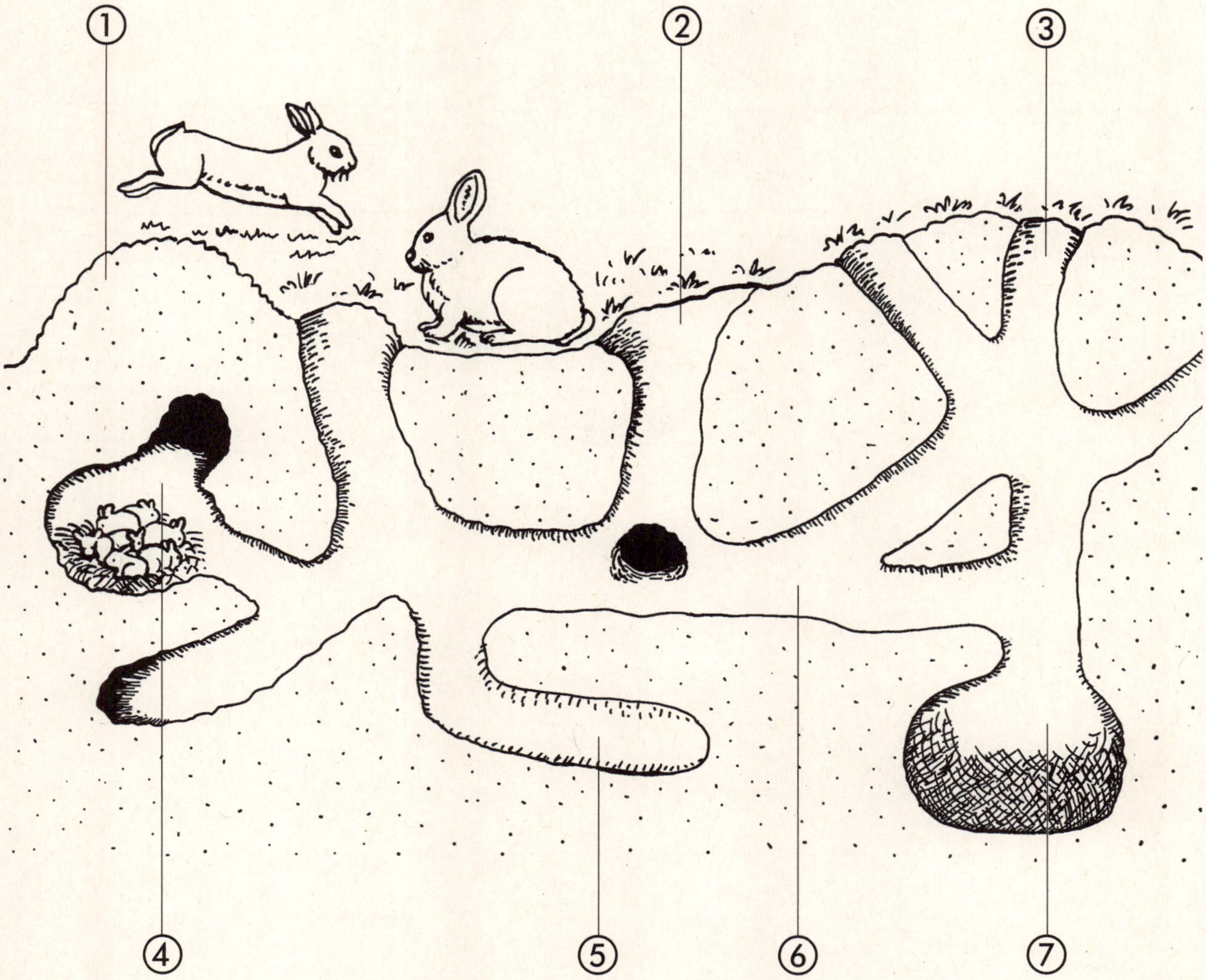

1. Ordne der Abbildung die folgenden Bezeichnungen zu:

Fluchtöffnung ( ), Laufröhre ( ), Blindröhre ( ), Eingang zum Hauptbau ( ), Wohnkammer ( ), Setzröhre ( ), Erdhügel ( ).

2. Nenne mögliche Gefahren, vor denen das Kaninchen in seinem Bau geschützt ist:

____

3. Vom Frühjahr bis zum Herbst bringt ein Kaninchen bis zu 5 Würfe mit jeweils 5–12 Jungen zur Welt. Trotz dieser hohen Vermehrungsrate nehmen Kaninchen nicht überhand. Nenne mögliche Gründe.

____

____

____

Der Maulwurfsbau

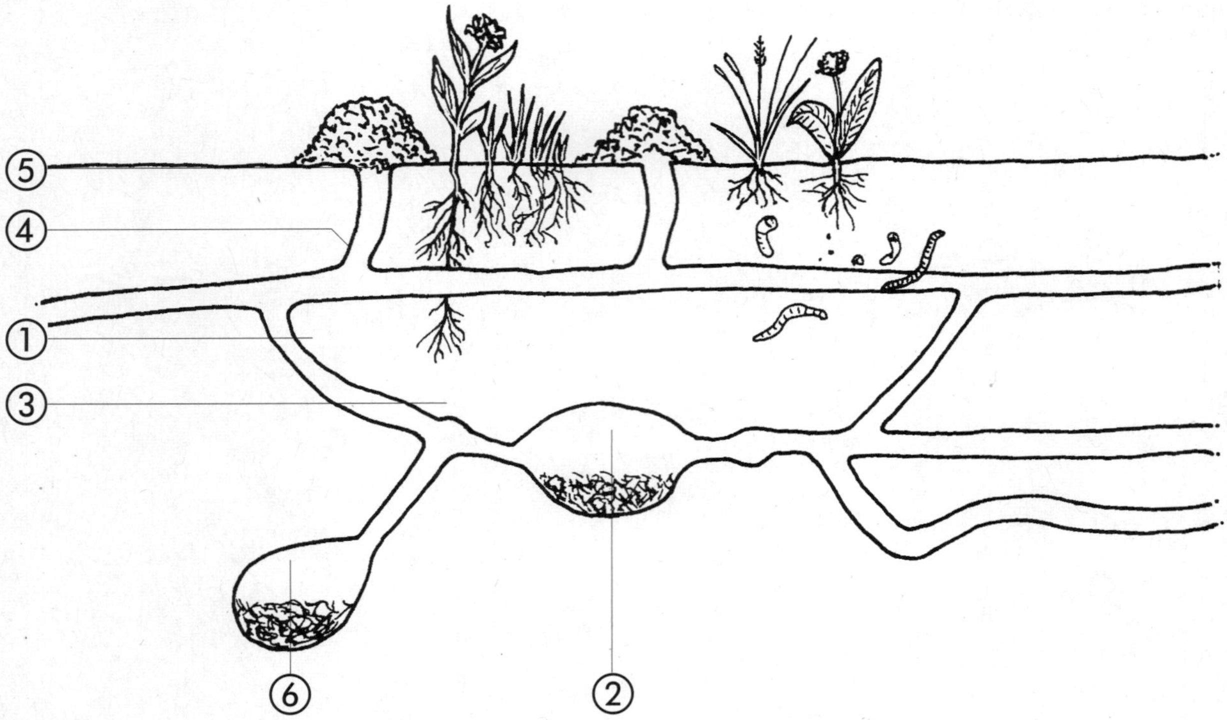

Wohnkessel ( ): ______

Laufgang ( ): ______

Jagdgang ( ): ______

Rundgang ( ): ______

Aushubgang ( ): ______

Vorrat ( )

1. Trage die Ziffern in der Abbildung hinter den entsprechenden Fachbegriffen ein.

2. Beschreibe die Aufgabe der jeweiligen Gänge und Kammern.

Körperbau und Verhalten des Maulwurfs

Äußere Gestalt und besondere Merkmale des Skeletts:

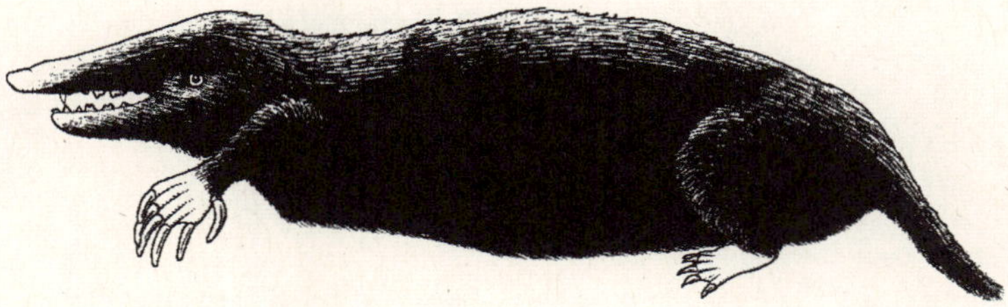

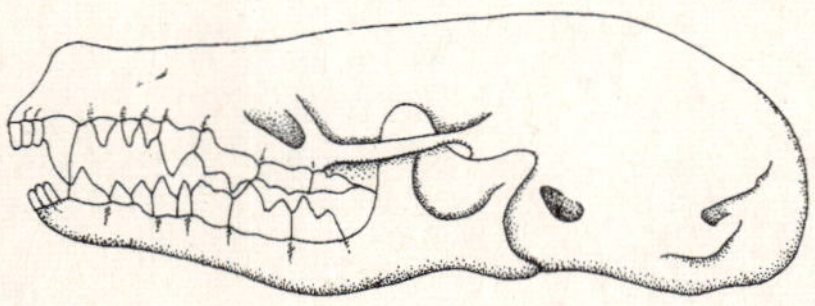

Schädel

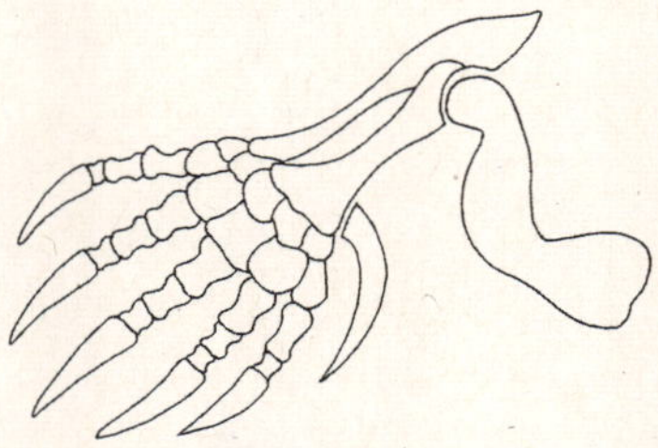

Grabbein

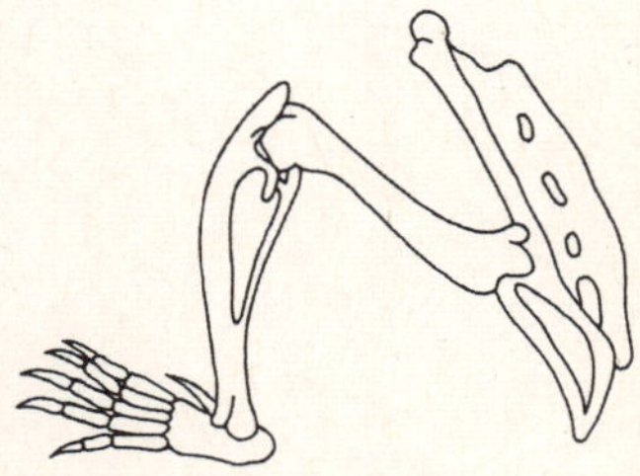

Stemmbein

Verhaltensweisen:

Gelangt der Maulwurf über die Erde, so tastet er zunächst mit dem ______________ den Boden ab. Gleichzeitig versucht er, mit den ________________ die Erde aufzuwühlen. Hat das Tier eine passende Stelle gefunden, so bohrt es sich mit dem ______________ zuerst ein. Die ________________ graben die Erde seitlich und nach hinten weg. Die ________________ wirken dabei als Widerlager und drücken den Körper nach unten. Nach etwa 2 Minuten ist das Tier in der Erde verschwunden.

1. Beschreibe die äußere Gestalt des Maulwurfs und die Besonderheiten seines Skeletts.

____

____

____

2. Begründe, warum der Maulwurf für ein Leben über der Erde ungeeignet ist.

____

____

3. Fülle in den Lückentext die richtigen Fachbegriffe ein.

28 Der Körperbau der Fledermaus

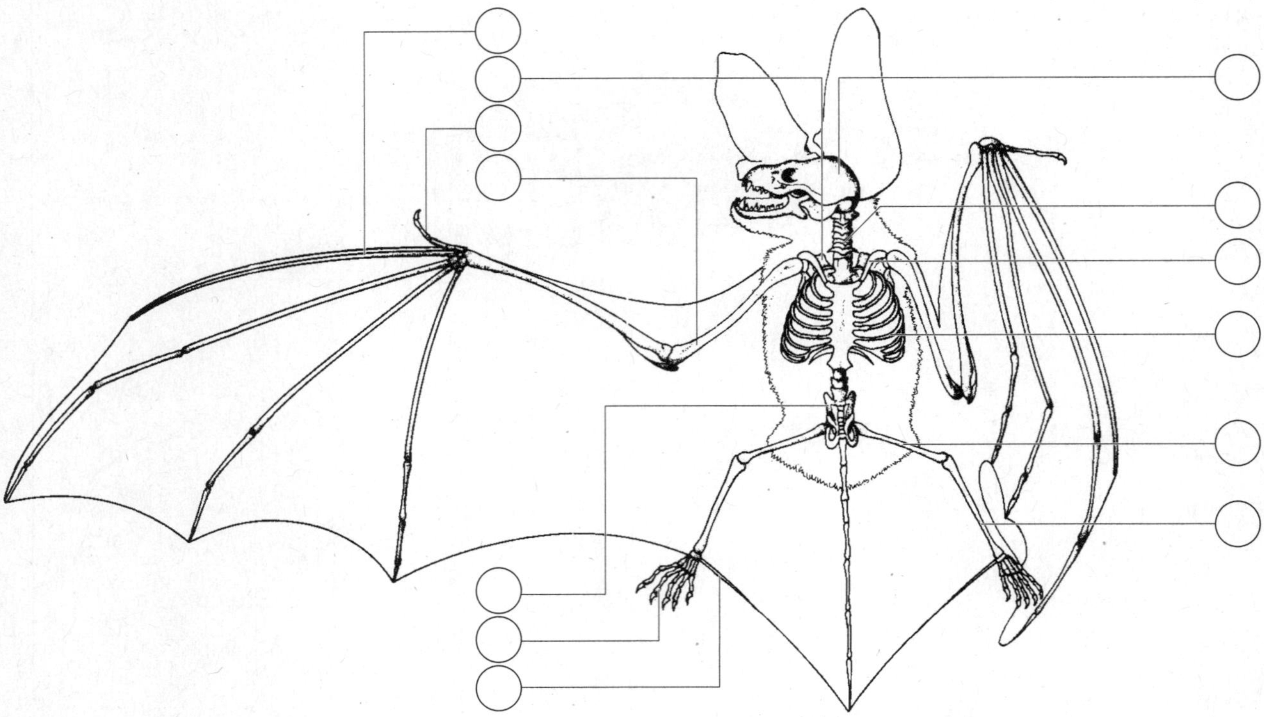

Skelett einer Fledermaus

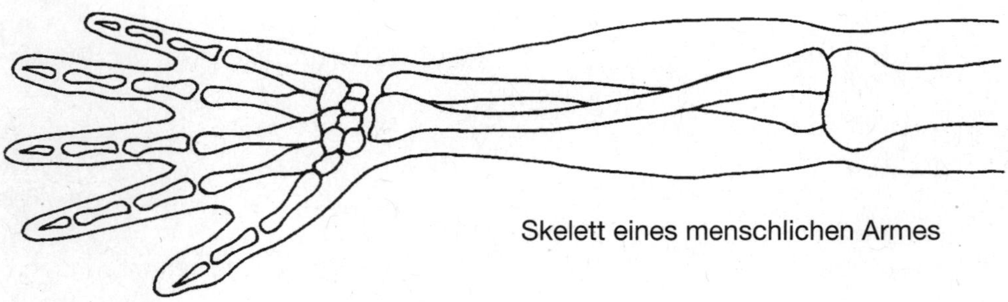

Skelett eines menschlichen Armes

1. Beschrifte das Skelett der Fledermaus. Verwende folgende Ziffern: Wirbelsäule = 1, Becken = 2, Rippen = 3, Unterschenkel = 4, Oberarm = 5, Daumen = 6, Schulter = 7, Unterarm = 8, Mittelhand = 9, Schädel = 10, Zehen = 11, Oberschenkel = 12, Schlüsselbein = 13, Sporenbein = 14, Finger = 15.

2. Vergleiche die Armskelette von Fledermaus und Mensch. Gib Unterschiede und Gemeinsamkeiten an.

____

____

____

3. Zeichne die Umrisse des Körpers und der Flughaut in die Abbildung der Fledermaus. Wodurch wird die Flughand gespannt?

____

____

Eichhörnchen

Länge: 25 cm, Gewicht: 0,1 kg

Delfin

Länge: 3 m, Gewicht: 80 kg

Finnwal

Länge: ____________, Gewicht: 40 – 50 Tonnen

1. Wie viel Eichhörnchen wiegen genauso viel wie ein Delfin bzw. ein Finnwal?

____

2. Hundert Eichhörnchen hintereinander sind so lang wie ein Finnwal. Bestimme die Länge eines Finnwals.

____

3. Gib die Gemeinsamkeit der hier abgebildeten Tiere an.

____

____

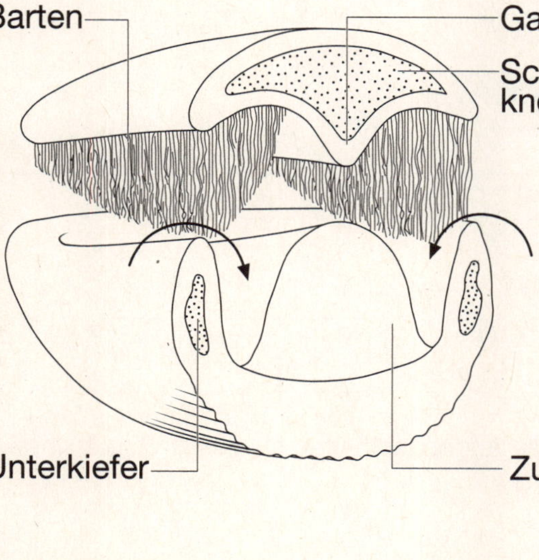

4. Der Finnwal ist ein Bartenwal. Beim Fressen saugt er große Mengen von Kleinkrebsen in sein Maul. Beschreibe anhand der Abbildung was geschieht, wenn der Wal sein Maul schließt.

____

____

____

____

____

30 Säugetiere in der Wüste (1)

In der folgenden Abbildung sind einige Angepasstheiten des Dromedars an seinen Lebensraum zusammengestellt:

lange Augenwimpern	behaarte Ohrmuscheln	Fettvorrat (Höcker)

verschließbare Nasenöffnung

lederartiger Gaumen

dichtes Fell

weit spreizbare Zehen

Hornsohlen	Hornschwielen

1. Notiere unter den jeweiligen Begriffen die Vorteile, die diese Angepasstheiten für das Dromedar bewirken.

Säugetiere in der Wüste (2)

Tageszeit | **Lufttemperatur** | **Körpertemperatur des Dromedars**

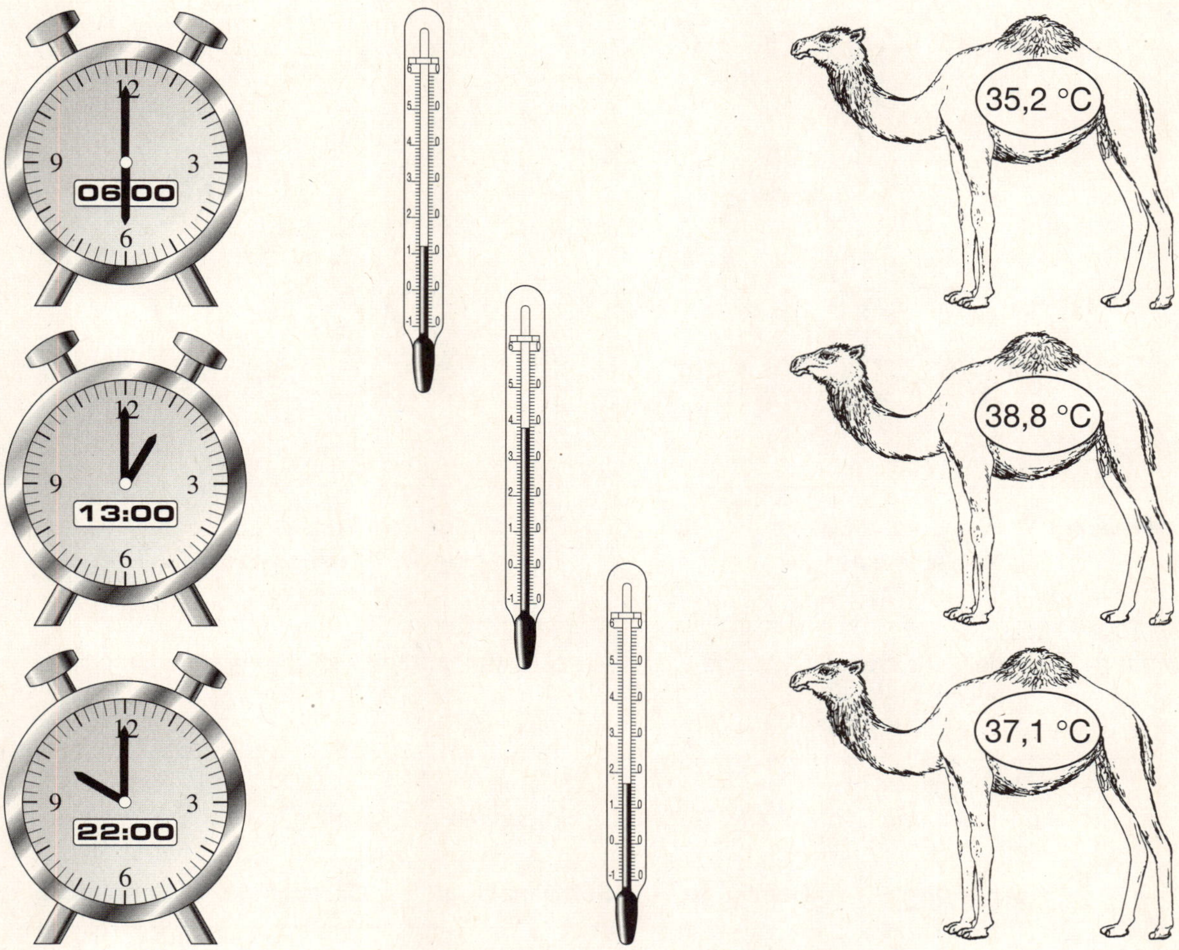

1. Beschreibe die Veränderungen der Lufttemperatur und der Körpertemperatur im Tagesverlauf.

____

____

2. Welchen Vorteil hat das Dromedar von der Fähigkeit, die Körpertemperatur zu verändern?

____

____

____

____

3. Kann man das Dromedar als wechselwarmes Tier bezeichnen? Begründe deine Antwort.

____

____

32 Schneehase und Eselhase im Vergleich

Eselhase	Schneehase

Verbreitung: Wüsten und Ebenen Nordamerikas	Bereich des Polarkreises, Nordregion Nordamerikas, Grönland, Aleuten
Klima-verhältnisse: heiß und trocken, geringe Niederschläge	sehr kalt und trocken, geringe Niederschläge

1. Vergleiche Eselhase und Schneehase. Notiere die Ergebnisse in folgender Tabelle:

	Körperform	**Beinlänge**	**Schwanzlänge**	**Ohrenlänge**	**Schnauzenlänge**
Esel-hase					
Schnee-hase					

2. Erkläre, inwiefern man die Merkmale des Schneehasen als Anpassung an den sehr kalten Lebensraum Arktis verstehen kann. Berücksichtige dabei folgenden Bericht eines Polarforschers: „Besonders häufig waren Erfrierungen von Fingern, Zehen, Nasenspitzen und Ohrmuscheln zu beklagen..."

3. Welche Ohrenlänge erwartest du im Vergleich zu den abgebildeten Hasen bei unserem Feldhasen? Begründe deine Vermutung.

Warum gibt es in der Arktis keine sehr kleinen Säuger?

Die kleine Waldmaus ist über weite Teile Europas verbreitet. Sie ist etwa 10 cm lang (Kopf-Rumpf) und 20–30 g schwer. In Nordeuropa und der Arktis findet man diesen Kleinsäuger nicht. Auch andere Säugetiere vergleichbarer Größe leben hier nicht.

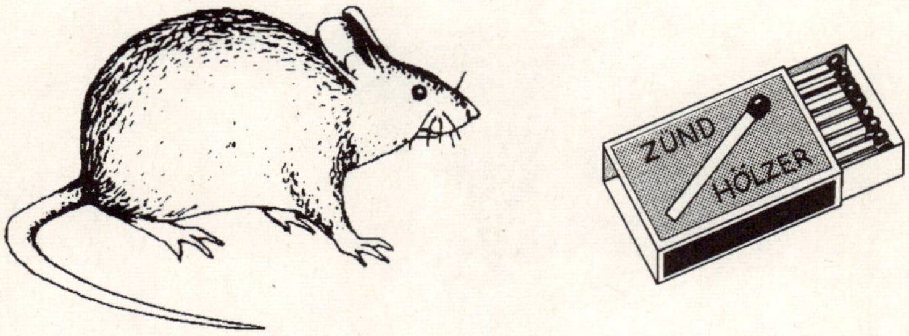

Mithilfe des folgenden Modellversuchs kann man die Frage beantworten, warum es in der Arktis keine sehr kleinen Säugetiere gibt:
Eine große und eine kleine festkochende Kartoffel werden gekocht. In die noch heißen Kartoffeln steckt man anschließend ein Thermometer und bestimmt alle 10 Minuten die Temperatur. Nach etwa 40 Minuten zeigt sich folgendes Ergebnis:

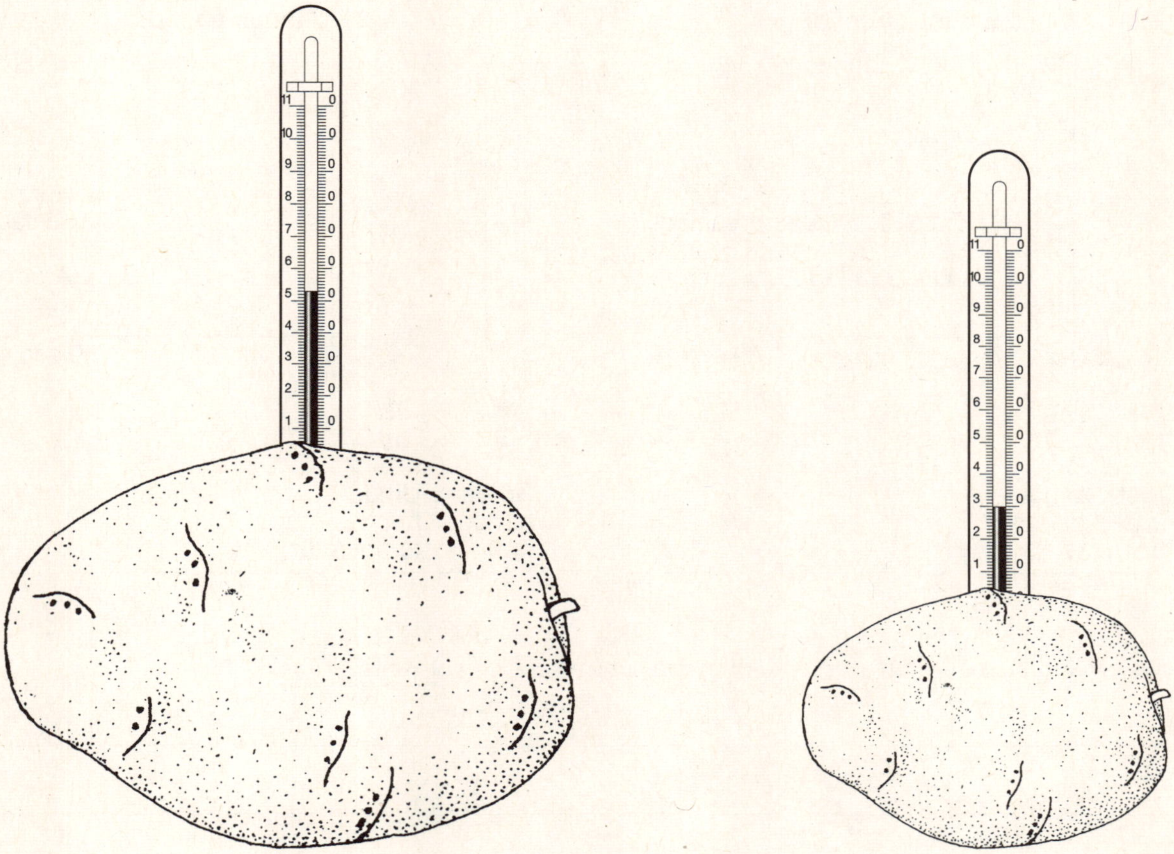

1. Formuliere das Ergebnis des Modellversuchs.

____

____

2. Beantworte nun die Frage, warum es in der Arktis keine sehr kleinen Säugetiere gibt.

____

____

34 Anpassungen der Tiere an den Winter – der Hamster

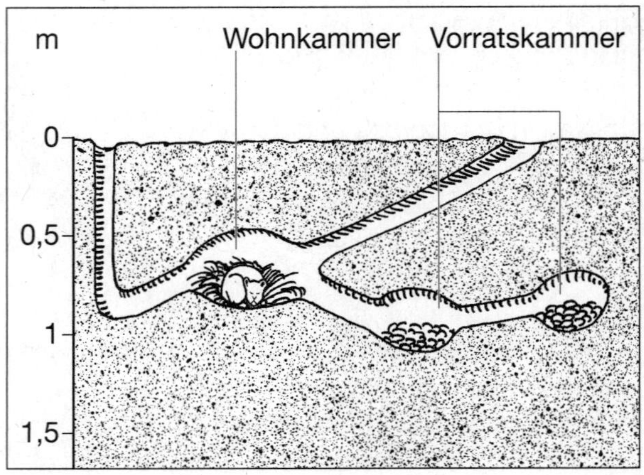

Der Hamster lebt tagsüber in seinem tiefen Bau, abends sammelt er an der Oberfläche Nahungsvorräte wie Getreidekörner, Grünpflanzen, selten auch Kleintiere.

21. Juni, abends

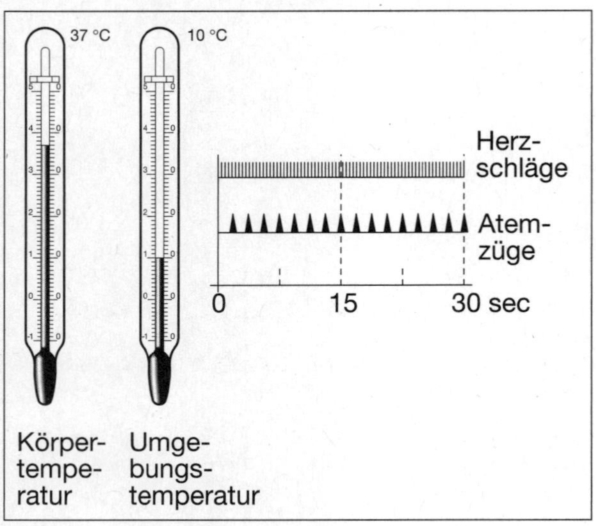

21. Januar, abends

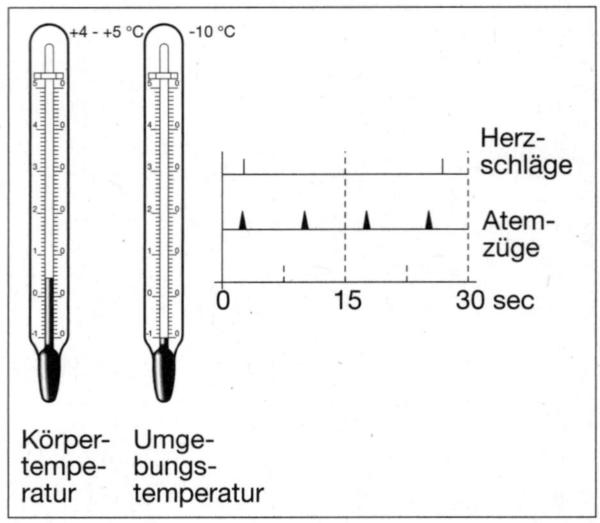

1. Wie ernährt sich der Hamster im Winter, wie schützt er sich vor Kälte?

____

____

2. Beschreibe die Veränderungen von Körpertemperatur, Herzschlag und Atmung im Sommer und im Winter.

____

____

____

3. Ordne dem Hamster einen der folgenden Begriffe zu: winteraktives Tier, Winterruher, Winterschläfer.

____

Anpassungen der Tiere an den Winter – der Dachs

Der Dachs hält sich tagsüber in seinem unterirdischen Bau auf. Ein wesentlicher Anteil seiner Nahrung sind Regenwürmer.

21. Juni, abends

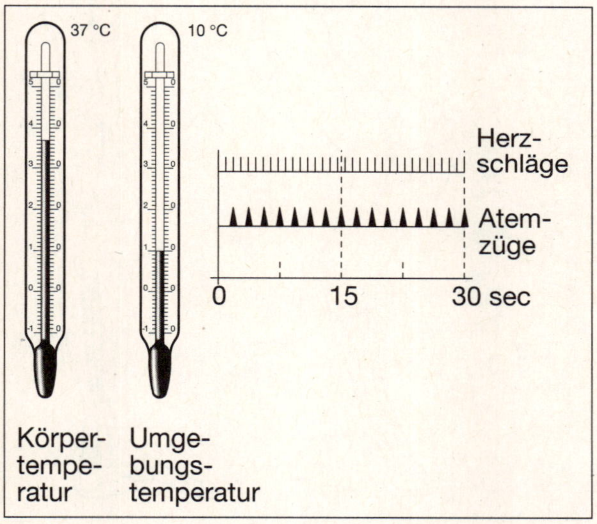

21. Januar, abends

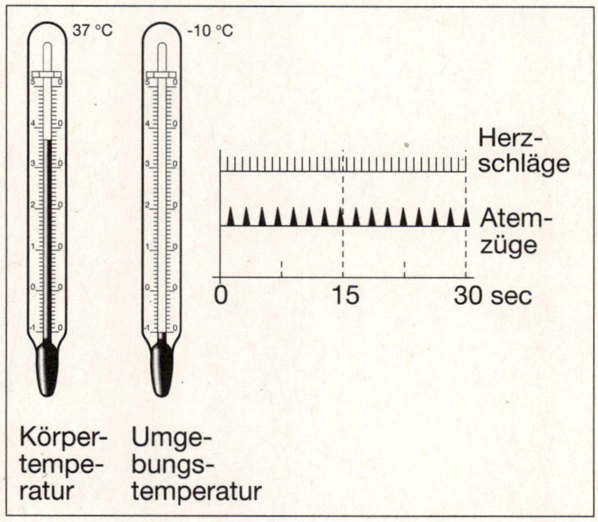

1. Wie schützt sich der Dachs vor der winterlichen Kälte?

___

2. Beschreibe die Veränderungen von Körpertemperatur, Herzschlag und Atmung im Sommer und im Winter.

___

___

3. Ordne dem Dachs einen der folgenden Begriffe zu: winteraktives Tier, Winterruher, Winterschläfer.

___

36 Gliedmaßen verschiedener Säugetiere im Vergleich

A

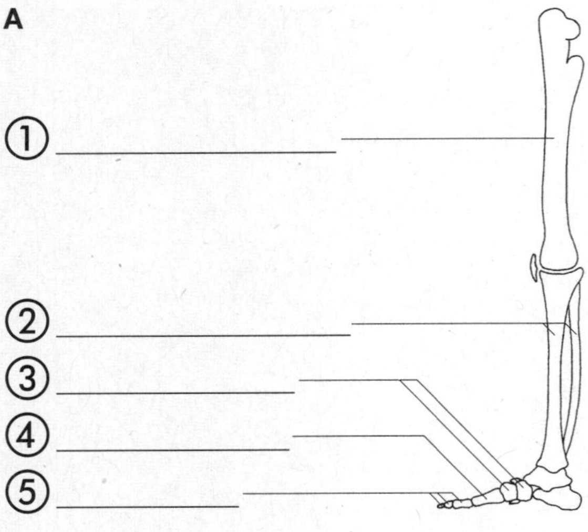

B

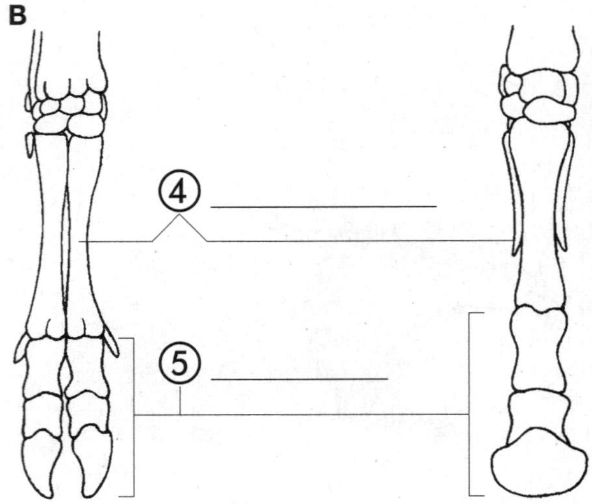

C

Überschrift:

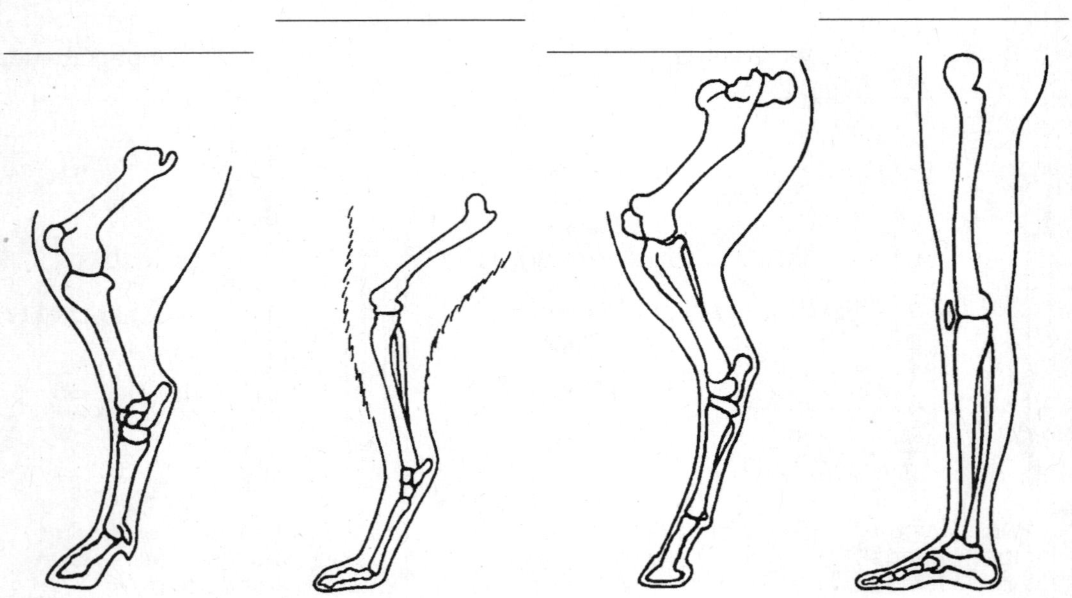

Beispiele:

1. Beschrifte die Abbildungen A und B.

2. Male gleiche Knochen an den verschiedenen Skeletten in Abbildung C mit gleicher Farbe aus.

3. Gib den verschiedenen Skeletten in Abbildung C je eine Überschrift mit folgenden Begriffen: Zehenspitzengänger (Unpaarhufer), Zehenspitzengänger (Paarhufer), Zehengänger, Sohlengänger und ordne folgende Beispiele zu:
Rind, Pferd, Elefant, Hund, Mensch, Bär, Katze, Zebra, Reh, Wildschwein.

Gebisstypen verschiedener Säugetiere im Vergleich (1)

Auf diesem und den folgenden Arbeitsblättern ist einiges durcheinander geraten.

1. Schneide die verschiedenen Teile der Arbeitsblätter aus und klebe die Schädel mit deutlichem Abstand in dein Biologieheft.

2. Male mit unterschiedlichen Farben die verschiedenen Zahntypen der einzelnen Schädel aus (gleicher Zahntyp = gleiche Farbe). Klebe neben jedes Gebiss die richtigen Zahnformeln.

3. Charakterisiere den jeweiligen Gebisstyp, indem du den passenden Begriff und den Namen des Tieres unter die Zahlenformel klebst.

A

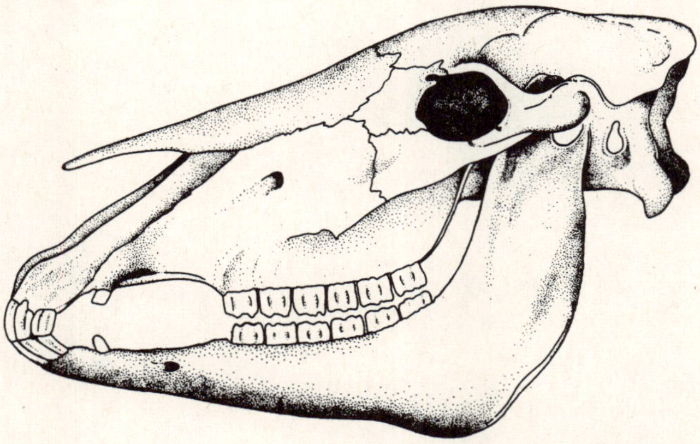

Pflanzenfressergebiss eines Nichtwiederkäuers

Hausschwein

6	(1)	3	3	(1)	6
6	(1)	3	3	(1)	6

B

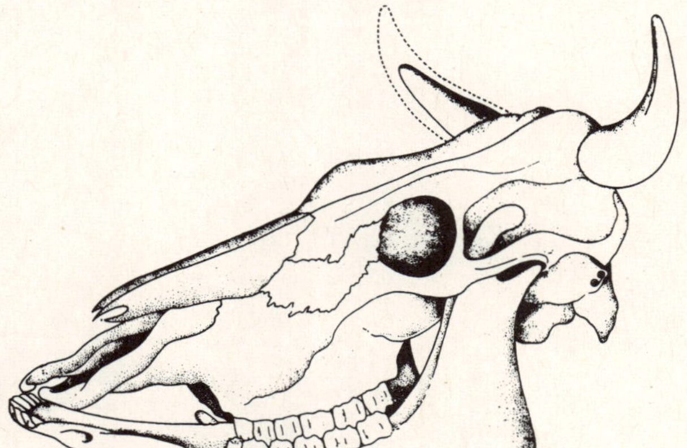

Allesfressergebiss

Pferd

7	1	3	3	1	7
7	1	3	3	1	7

Gebisstypen verschiedener Säugetiere im Vergleich (2)

C

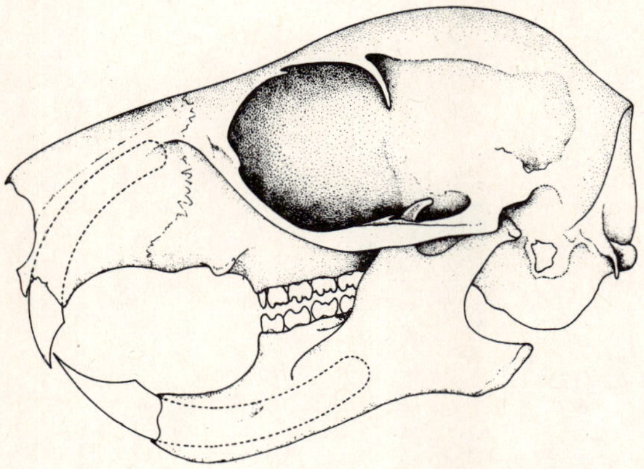

Pflanzenfressergebiss eines Wiederkäuers

Eichhörnchen

6	1	3	3	1	6
7	1	3	3	1	7

D

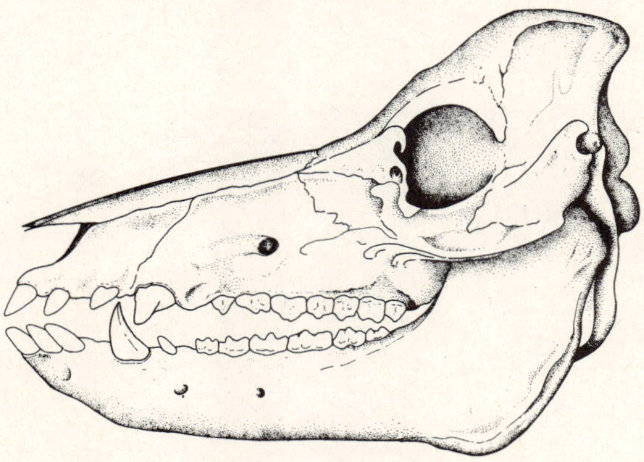

Nagetiergebiss

Hund

6	0	0	0	0	6
6	1	3	3	1	6

E

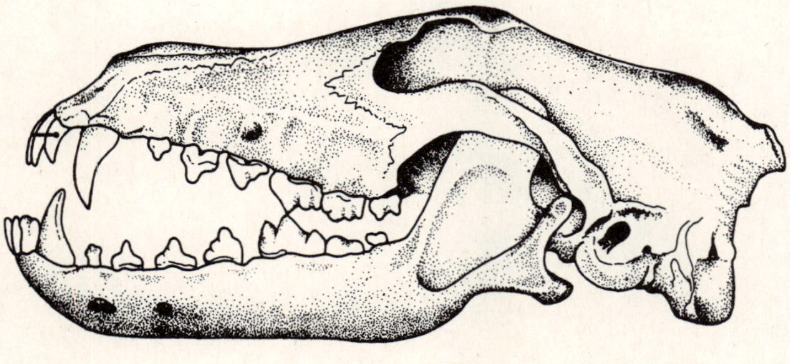

Raubtiergebiss/ Fleischfressergebiss

Rind

5	0	1	1	0	5
4	0	1	1	0	4

Das Skelett des Menschen und des Vogels – ein Vergleich

1. Benenne die mit Ziffern gekennzeichneten Skelettteile.

① ______________________ ⑧ ______________________

② ______________________ ⑨ ______________________

③ ______________________ ⑩ ______________________

④ ______________________ ⑪ ______________________

⑤ ______________________ ⑫ ______________________

⑥ ______________________ ⑬ ______________________

⑦ ______________________ ⑭ ______________________

2. Beschreibe die Besonderheiten des Vogelskeletts, die als Anpassung an das Fliegen gedeutet werden können.

____

____

____

42	Modellversuch zum Ruderflug

Material:
Dünner Karton (mindestens 12 cm x 9 cm), 30 cm Blumendraht, Styropor (Kantenlänge etwa 20 cm x 2 cm x 2 cm), dünne Trinkhalme (Mindestlänge 12 cm), 3 Stecknadeln, Schere, Alleskleber.

Durchführung:
Schneide aus dem Karton zwei Rechtecke (12 cm lang, 4,5 cm breit). Klebe darauf der Länge nach jeweils einen Trinkhalm so, dass er von einem Rand 3 cm, vom anderen 1,5 cm entfernt ist. An den Enden darf der Halm einige Millimeter überstehen. Biege dann den Blumendraht so, wie es die Abbildung zeigt, stecke die beiden Kartonstücke mit ihren Strohhalmen auf und bohre die Enden des Blumendrahtes in das Styroporstück. Stecke die Stecknadeln entsprechend der Abbildung in das Styropor.

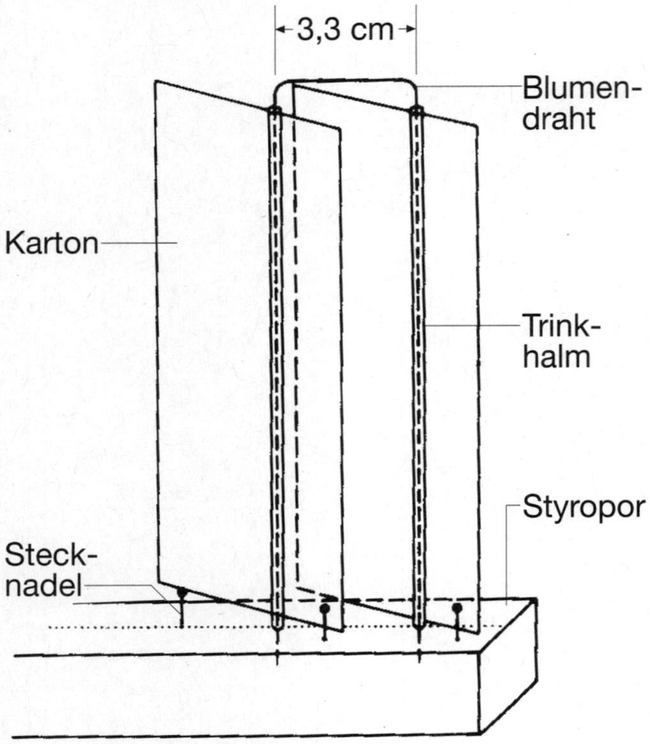

Modell zum Ruderflug

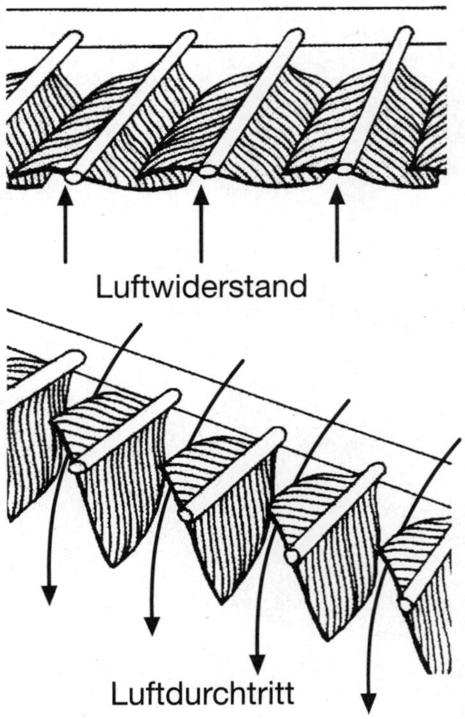

Abwärtsschlag und
Aufwärtsschlag beim Ruderflug

Aufgaben

a) Bewege das senkrecht stehende Modell hin und her und notiere deine Beobachtungen.

____

____

____

b) Vergleiche das Modell mit den Schemazeichnungen zum Ruderflug.

____

____

____

Anpassung der Taube an das Fliegen

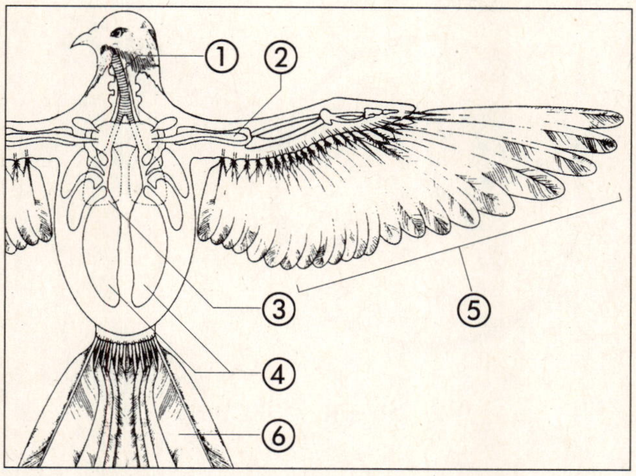

① ____________________

② ____________________

③ ____________________

④ ____________________

⑤ ____________________

⑥ ____________________

1. Beschrifte die Abbildung einer Haustaube.

2. Der Vogelkörper wird auch als Leichtbaukonstruktion bezeichnet. Erkläre diese Aussage anhand der Abbildung.

3. Die Ernährung, die Atmung und die Fortpflanzung eines Vogels sind an die besonderen Bedingungen des Lebensbereiches Luft angepasst. Begründe diese Aussage.

44 Wir untersuchen Federn

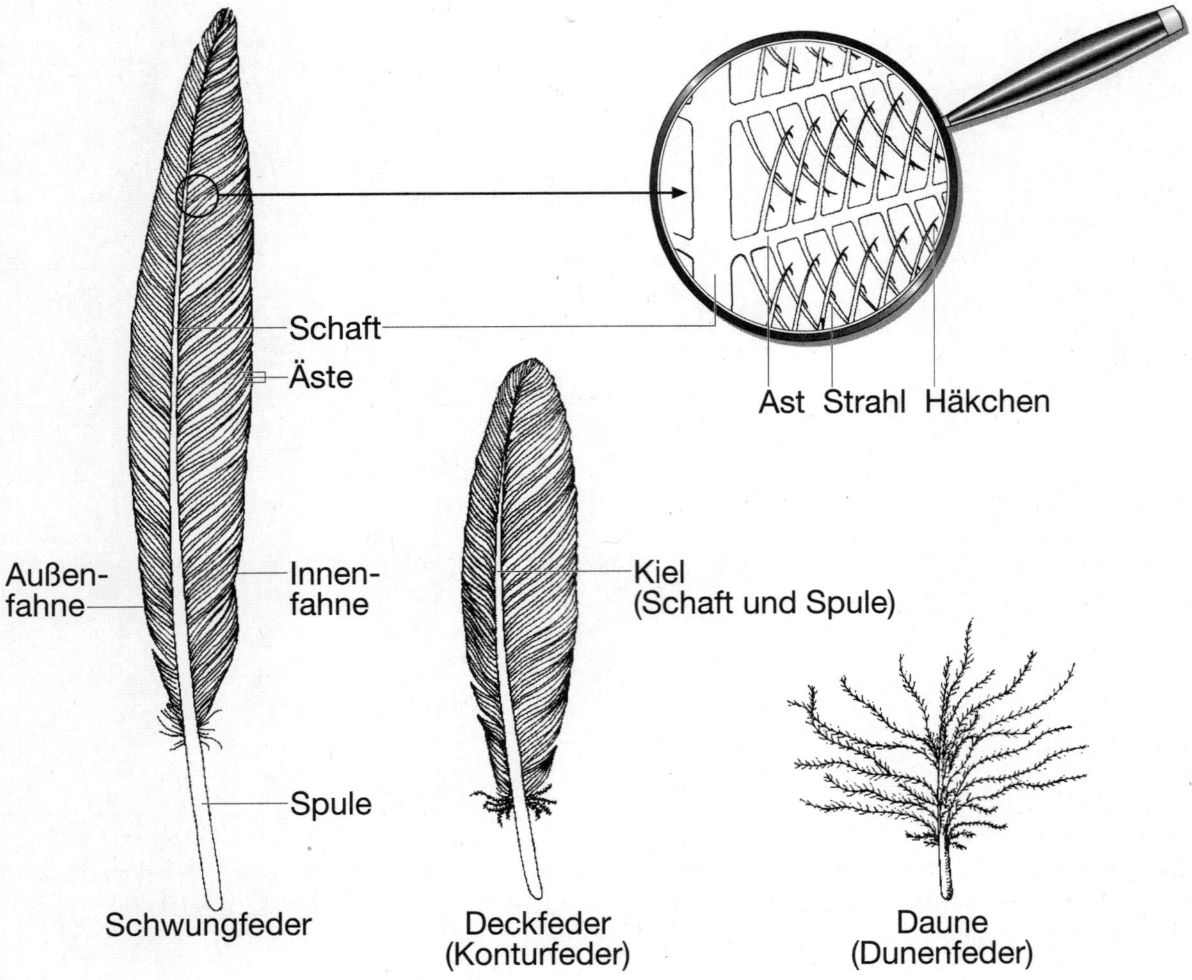

Materialien:
Hühner- oder Gänsefedern, Lupe (10x), dünne Pappe, Schere, Waage

Durchführung:
1. Untersuche mit einer Lupe eine Schwung- und Konturfeder. Ziehe dabei die Fahne einer Feder vorsichtig auseinander.
2. Lege eine große Schwungfeder auf ein Stück dünne Pappe und zeichne mit einem Bleistift die Konturen nach. Schneide die Konturen der Feder aus. Bestimme mithilfe einer Waage das Gewicht der Feder und der Pappfeder. Protokolliere und erläutere die Werte.
3. Durchschneide die Spule und den unteren Teil des Schaftes einer Schwungfeder. Untersuche mit der Lupe den jeweiligen Querschnitt.

Aufgabe:
a) Erläutere die Funktion der abgebildeten Federn.

Schwungfeder: ______________________________

____

Konturfeder: ______________________________

____

Daunenfeder: ______________________________

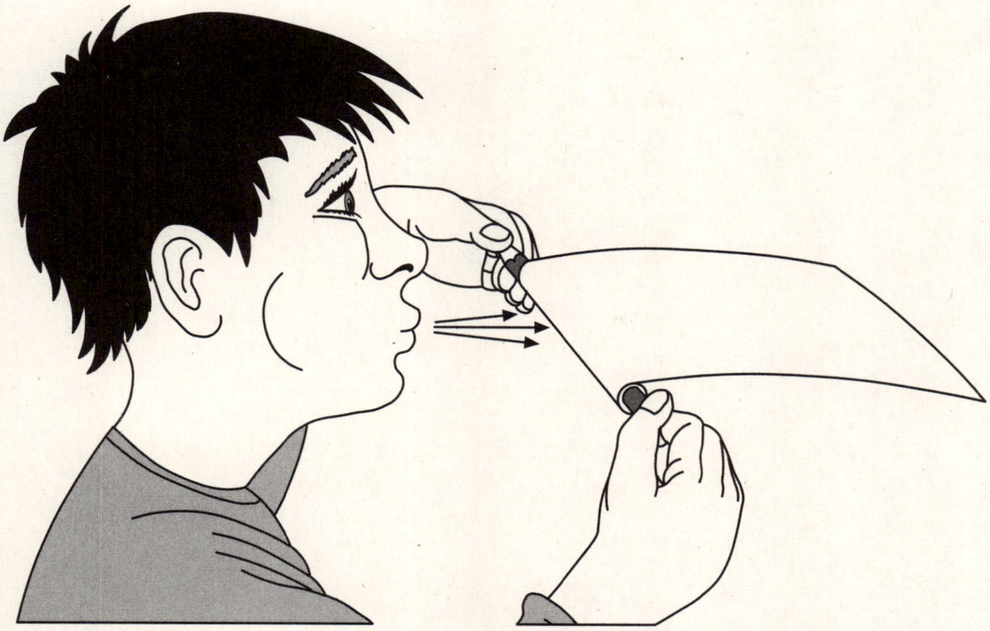

Material:
DIN-A4-Blatt

Durchführung:
Biege die letzten vier Zentimeter eines Papierblattes in voller Länge, sodass ein gebogener Rand entsteht. Halte den gebogenen Rand an beiden Enden mit Daumen und Zeigefinger fest und bringe das Blatt in Mundhöhe. Der Mund sollte etwa 10 cm vom Papierrand entfernt sein. Blase jetzt einmal schwach und einmal stark gegen den Papierrand.

Aufgaben:
a) Beschreibe deine Beobachtungen.

____

____

b) Vergleiche das Papiermodell mit einem Vogelflügel:

Papiermodell	**Vogelflügel**
gebogener Rand	
Papierfläche	
„anpusten“	
Aufwärtsbewegung des Papierflügels	

46 Segelflug und Gleitflug

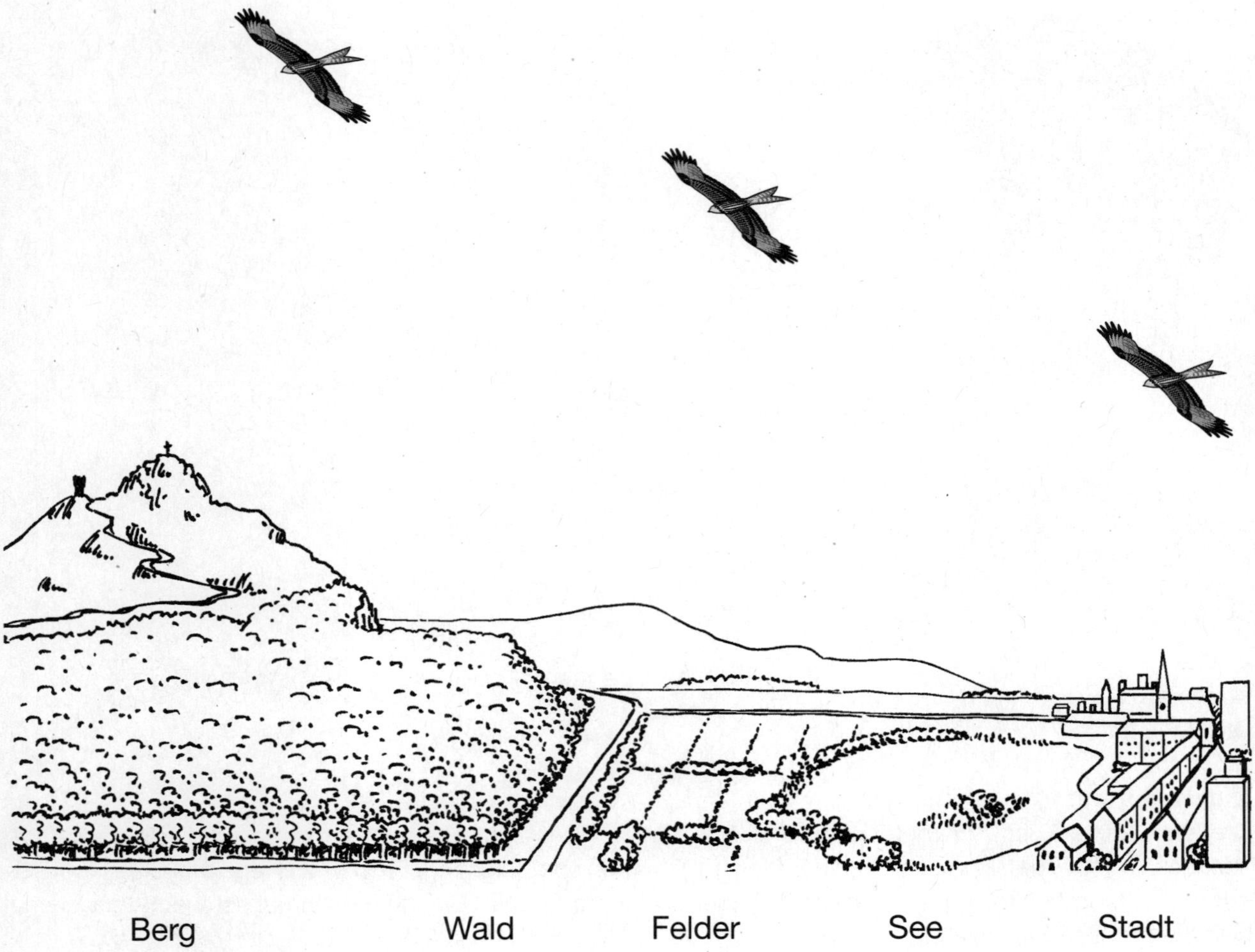

1. Zeichne aufsteigende warme Luftmassen mit roten Pfeilen und absinkende kalte Luftmassen mit blauen Pfeilen in die Abbildung.

2. Zeichne die Segelflug- bzw. die Gleitflugpassagen in die Abbildung ein.

3. Erläutere, warum bei sonnigem Wetter über den verschiedenen Landschaftsteilen überwiegend Segel- oder Gleitflug möglich ist.

____

____

____

____

____

Materialien:
Daunenfedern (oder Watteflöckchen), Glasröhre (Durchmesser ca. 5 cm, Länge ca. 20 bis 30 cm), Pappe DIN-A4 (Glasplatte oder Buch)

Durchführung:
1. Baue die nebenstehende Apparatur zunächst ohne die brennende Kerze auf. Führe folgende Versuche durch:
Lasse eine Daunenfeder oder ein Watteflöckchen in die obere Röhrenöffnung fallen.

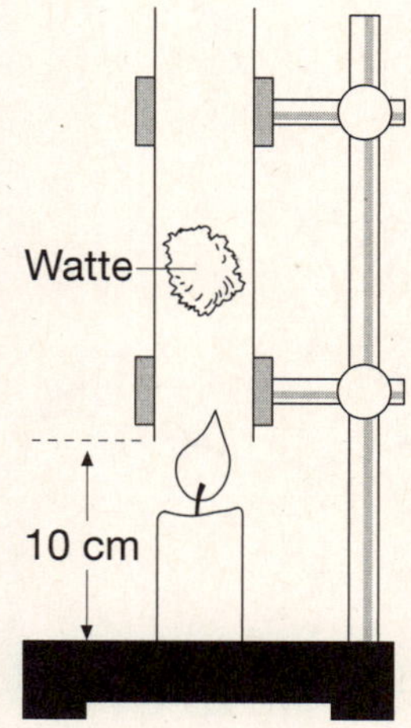

Beobachtung: ______________________________

____

Stelle eine brennende Kerze etwa 10 bis 15 cm unterhalb der Glasröhre auf. Gib eine Daunenfeder oder ein Watteflöckchen auf den oberen Rand der Glasröhre.

Beobachtung: ______________________________

____

2. Stelle die Glasplatte oder das Buch wie dargestellt auf. Blase gegen das Ende der Pappe, während der andere Mitschüler eine Daunenfeder oder ein Watteflöckchen auf den oberen Rand fallen lässt.

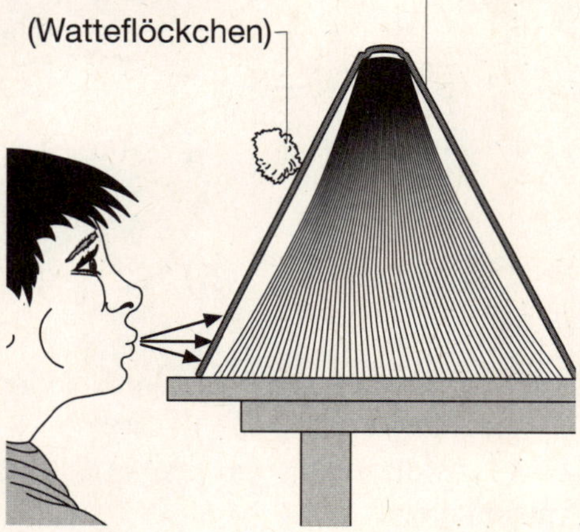

Beobachtung: ______________________________

____

____

Wiederhole den Versuch ohne Anblasen.

Beobachtung: ______________________________

____

Aufgabe: Notiere und erkläre deine Beobachtungen.

____

____

____

____

____

____

48 Ruderflug der Vögel

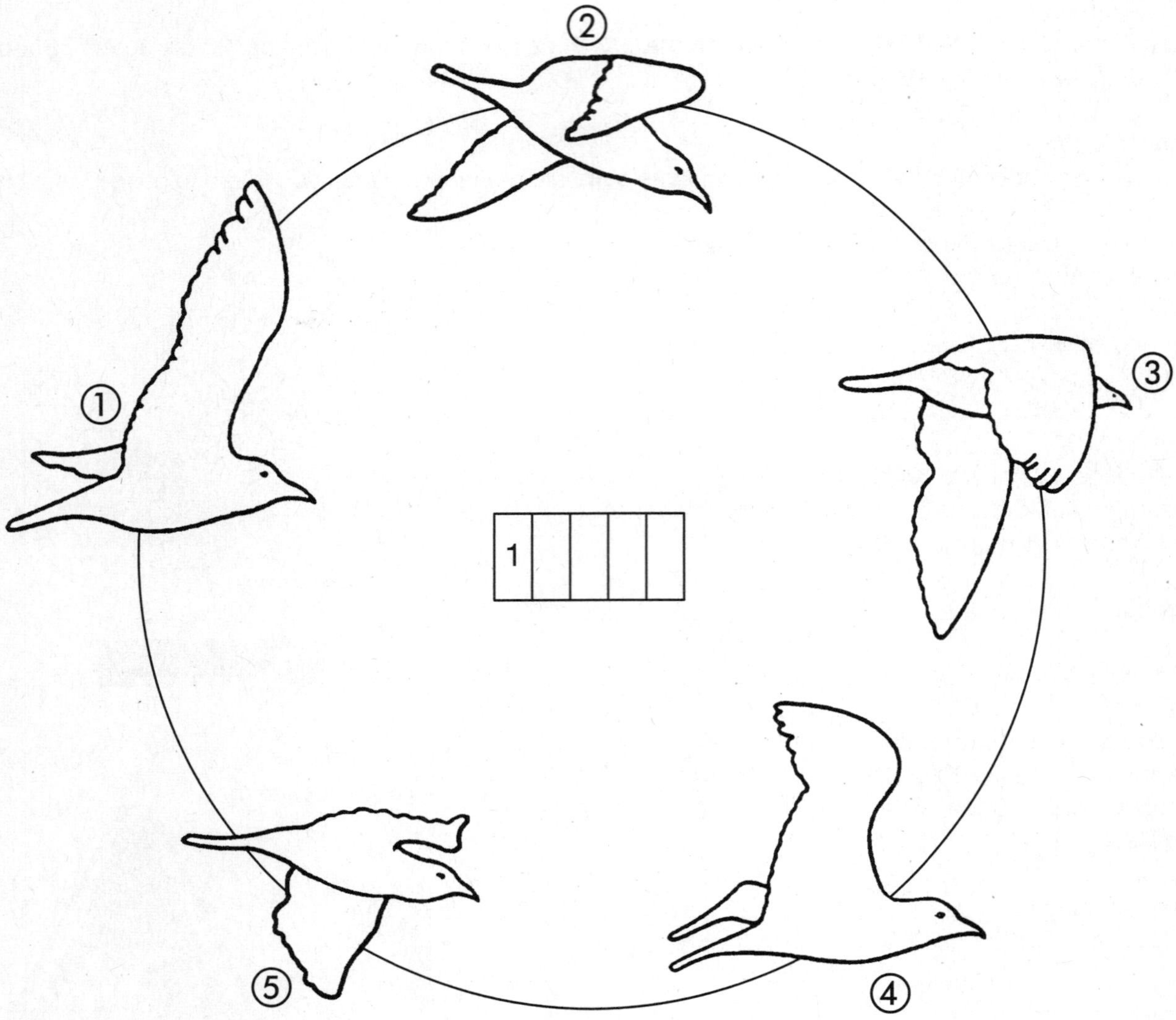

Die Abbildungen geben die verschiedenen Flugstadien einer Möwe während des Ruderfluges wieder.

1. Bringe die Stadien in die richtige Reihenfolge. Trage dazu die richtigen Ziffern in die eingezeichneten Kästchen ein.

2. Beschreibe die verschiedenen Stadien des Ruderfluges bei den Möwen.

___

___

___

___

___

___

___

A

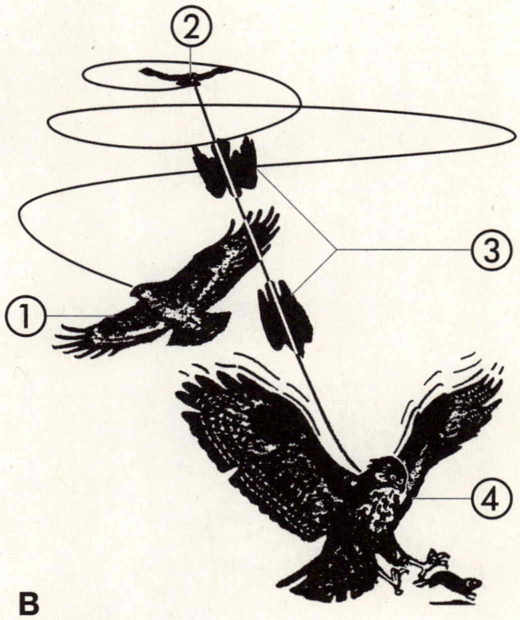

B

1. Beschreibe und erläutere anhand von Abbildung A die besonderen Merkmale eines Taggreifvogels.

2. Beschreibe anhand von Abbildung B die Jagdweise des Mäusebussards.

50 Die Schleiereule – ein Nachtgreifvogel

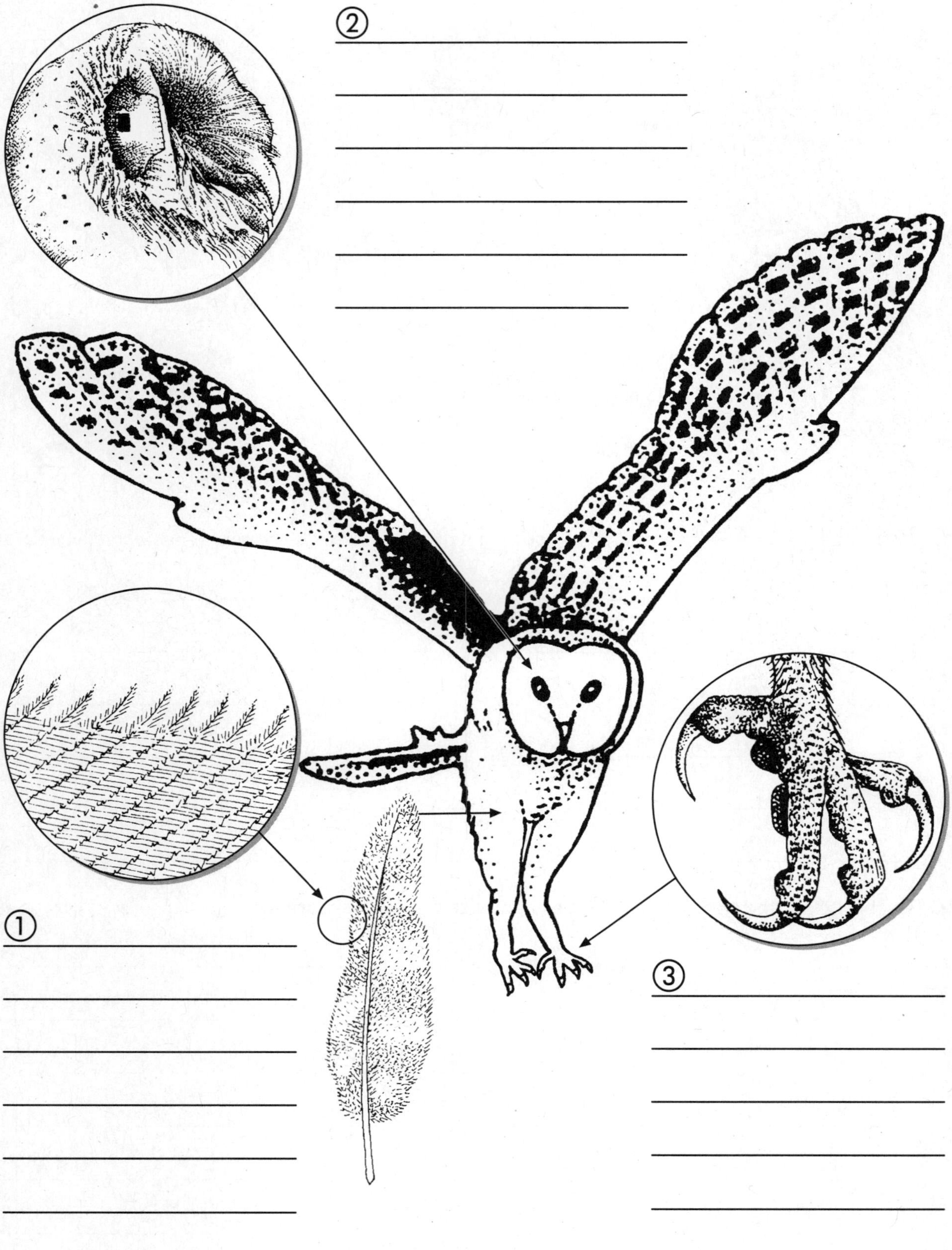

1. Die Schleiereule besitzt wichtige Merkmale eines Nachtgreifvogels. Beschrifte die Detailzeichnungen und erläutere die besondere Bedeutung dieser Merkmale.

Spechte sind an ihre Lebensweise angepasst

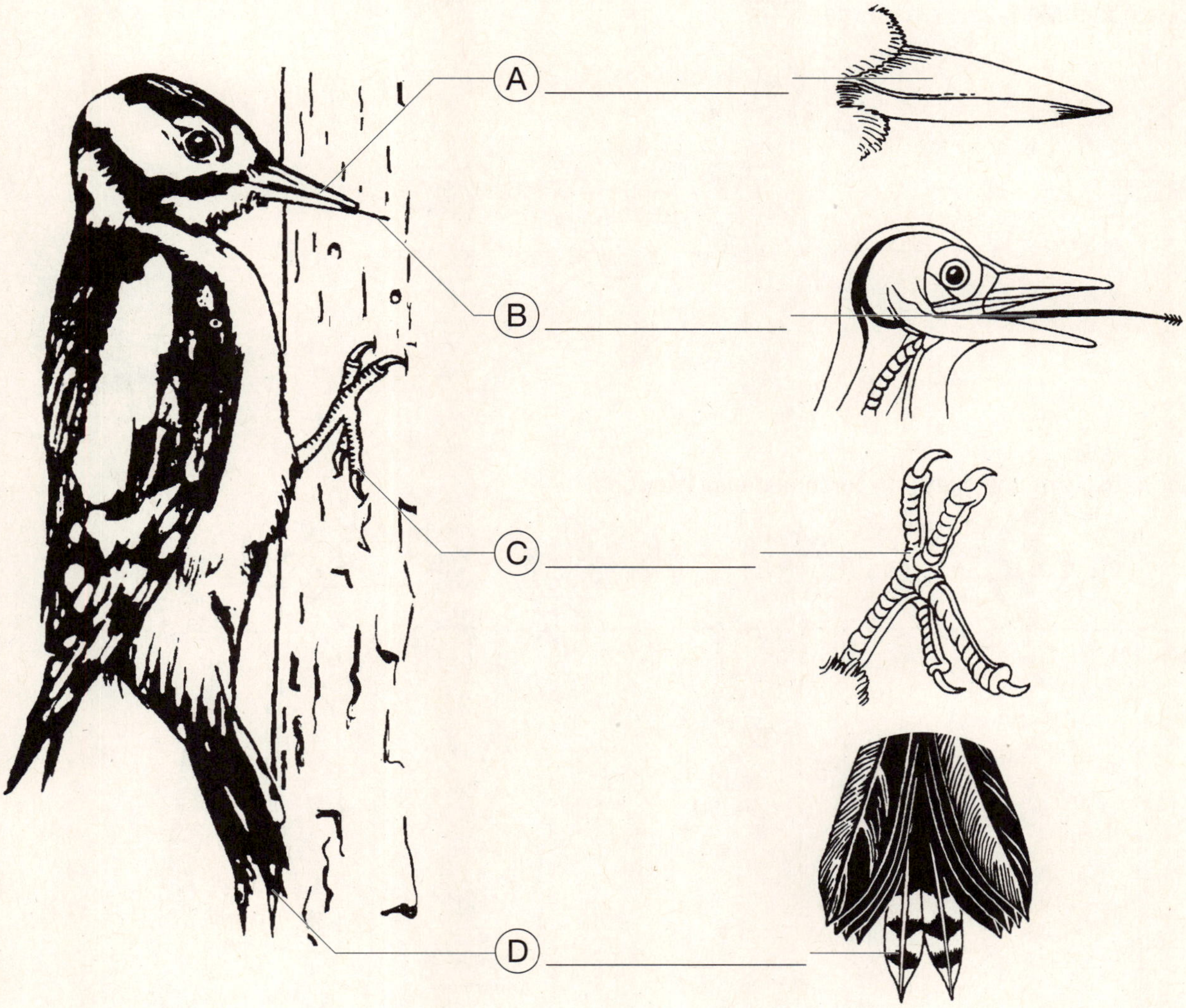

1. Beschrifte die Abbildung.

2. Begründe für jedes Merkmal, warum es sich hierbei um eine besondere Anpassung an die Lebensweise als Baumbewohner handelt.

A: ______________________________

____

B: ______________________________

____

C: ______________________________

____

D: ______________________________

____

52 Vögel im und am Wasser

A Besondere Merkmale einer Ente

B Schnabelform und Nahrung verschiedener Watvögel

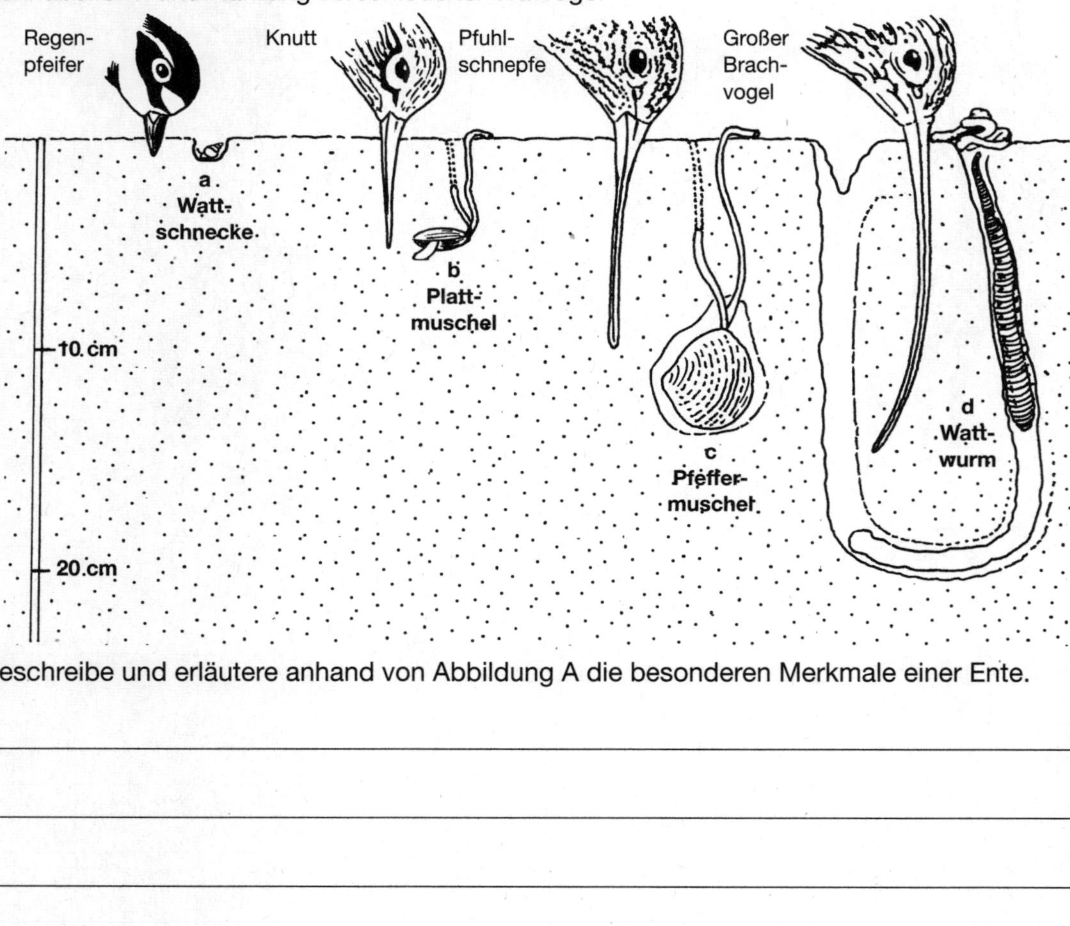

1. Beschreibe und erläutere anhand von Abbildung A die besonderen Merkmale einer Ente.

____

____

____

____

2. Erläutere am Beispiel von Abbildung B, warum sich Watvögel bei ihrer Nahrungssuche nur wenig Konkurrenz machen.

____

____

____

Vogelfüße sind nicht nur zum Laufen da

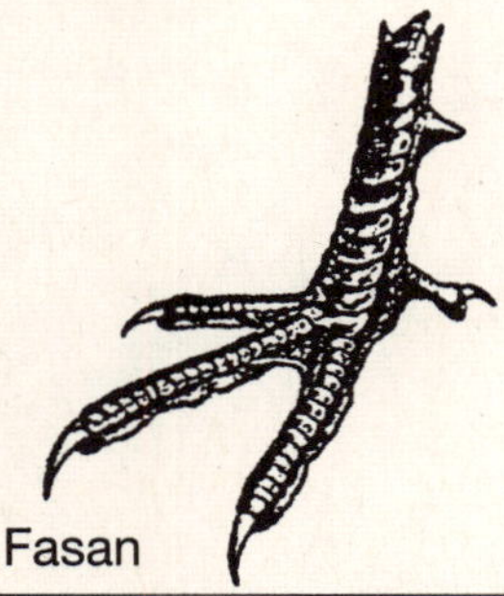

Fasan

Alpenschneehuhn

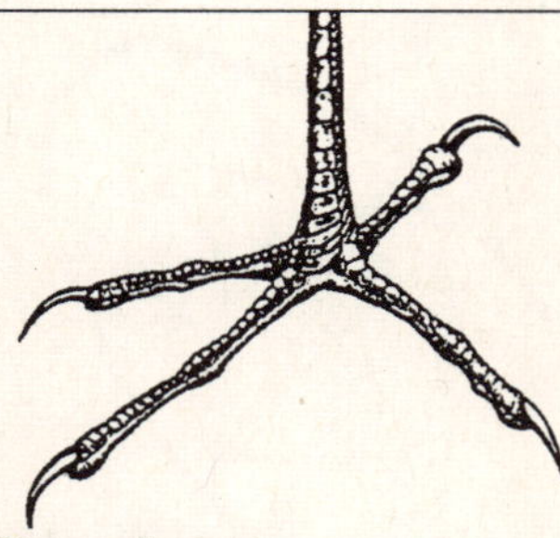

Graureiher

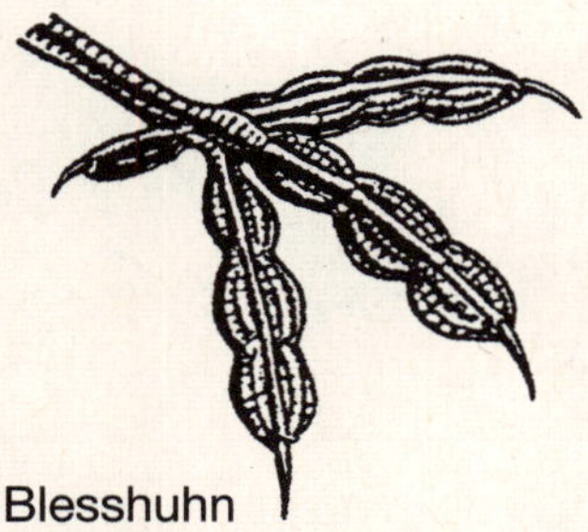

Blesshuhn

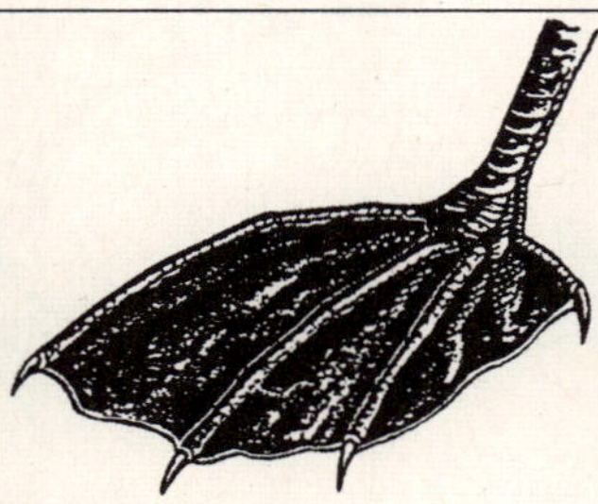

Kormoran

Grünspecht

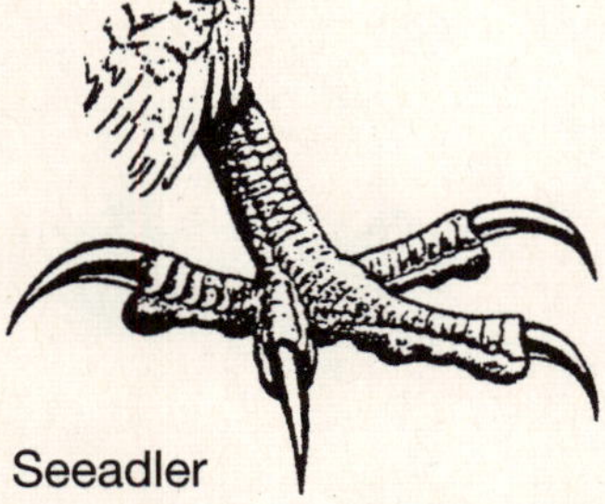

Seeadler

Strauß

1. Leite aus der Form der einzelnen Vogelfüße ihre Funktion ab und notiere diese unter der jeweiligen Abbildung.

Vögel haben Brutreviere

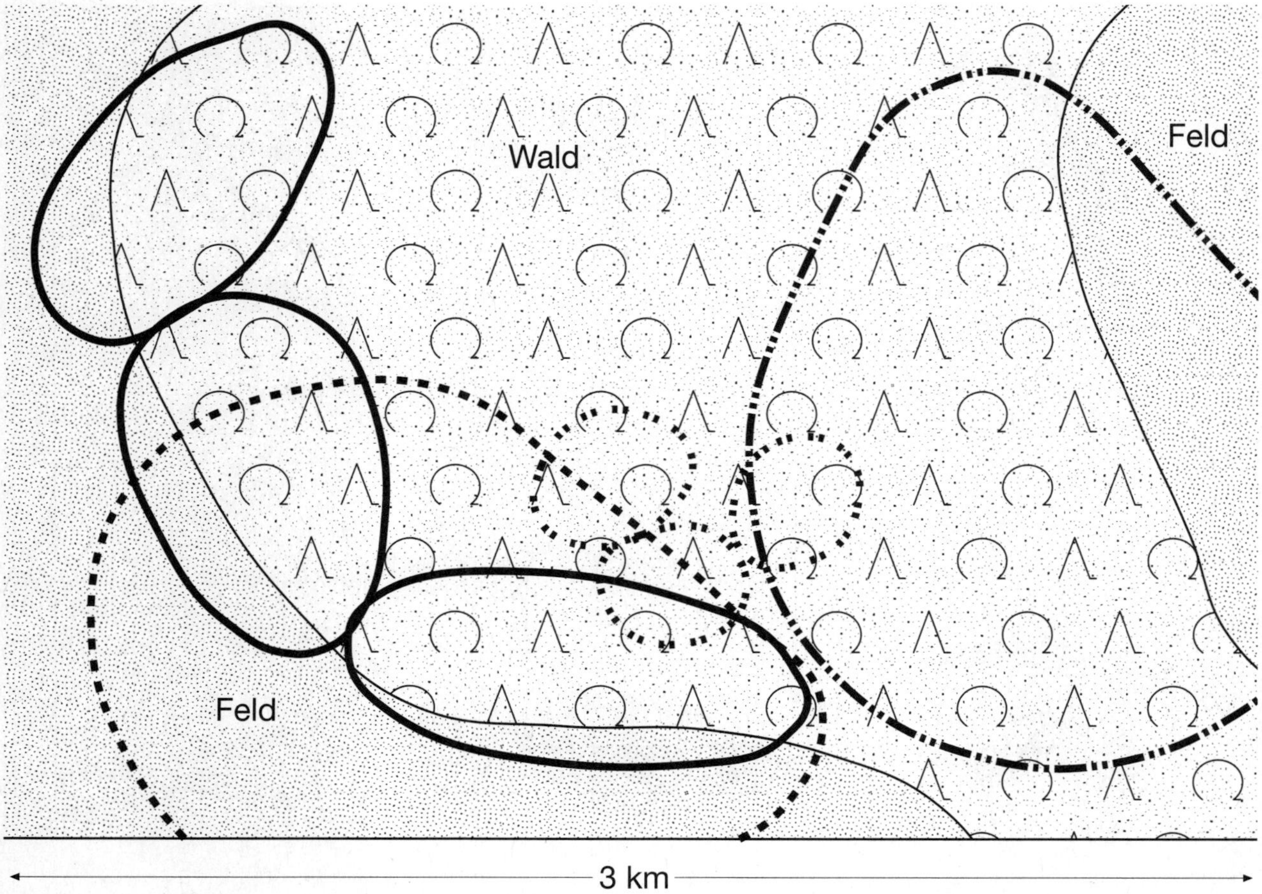

1. Beschreibe die Lage und Ausdehnung der verschiedenen Amselreviere.

2. Vergleiche das Amselrevier hinsichtlich seiner Größe und Überschneidung mit den anderen Vogelrevieren. Erkläre die festgestellten Auffälligkeiten.

Hackordnung auf dem Hühnerhof

Beobachtet man eine Hühnerschar auf dem Bauernhof, so kann man folgendes feststellen: Die Hennen hacken hin und wieder mit dem Schnabel aufeinander ein und springen sich gegenseitig an. Diese Beobachtung kann man am Fressnapf, beim Staubbaden oder beim Aufsuchen der Schlafplätze machen.
Um das Verhalten der Tiere genauer zu untersuchen, muss man sie sicher voneinander unterscheiden können. Dazu kennzeichnet man jedes Tier mit einem unterschiedlichen Farbtupfer.

Fünf derart gekennzeichnete Hennen werden anschließend beobachtet:
- Henne „rot“ wird von Henne „braun“ und „gelb“ gehackt und hackt selber die Hennen „blau“ und „grün“;
- Henne „braun“ hackt alle Hennen;
- Henne „blau“ wird von Henne „rot“, „gelb“ und „braun“ gehackt und hackt Henne „grün“;
- Henne „gelb“ wird nur von Henne „braun“ gehackt und hackt Henne „rot“, „grün“ und „blau“;
- Henne „grün“ wird von allen Hennen gehackt.

1. Kennzeichne die abgebildeten Hennen mit den entsprechenden Farben.

2. Trage die Hackordnung zwischen den Hennen in das Bild ein. Benutze das folgende Symbol: ⟶. Die Pfeilspitze zeigt dabei jeweils auf die Henne, die gehackt wird.

3. Ermittle die Rangordnung zwischen den Hennen. Beginne mit dem ranghöchsten Tier.

____

____

4. Welche biologische Bedeutung könnte dieses Verhalten haben?

____

____

56 Wir untersuchen ein Hühnerei

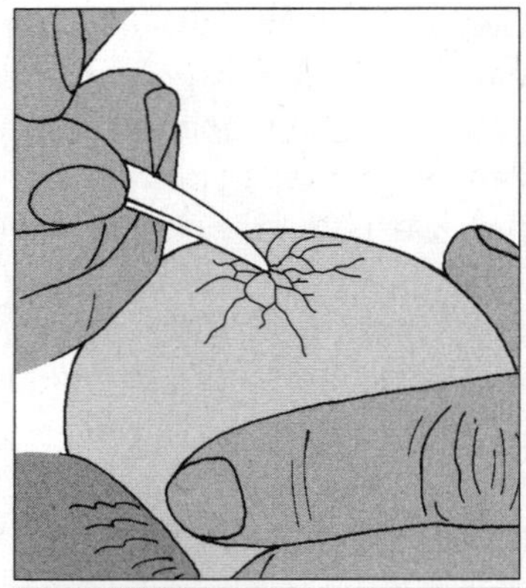

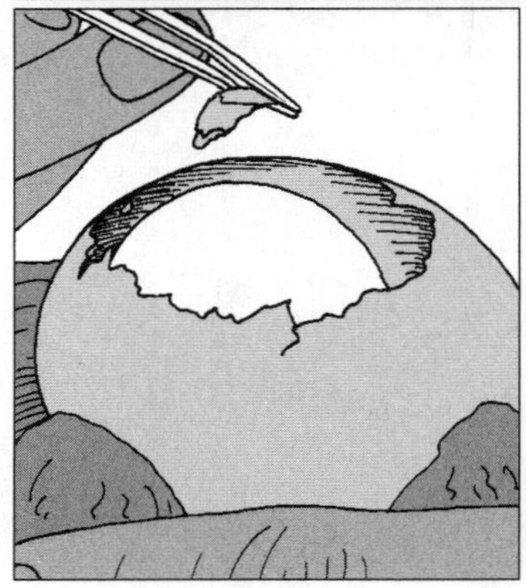

Material:
1 rohes Hühnerei, Pinzette, Petrischale, Becherglas

Durchführung:

1. Halte das Ei in der Petrischale mit Daumen und Zeigefinger so fest, dass es nicht wegrollt. Schlage, wie beim Aufschlagen eines Frühstückeies, mit der Pinzette vorsichtig auf die Oberseite der Eischale, sodass sie in kleine Teile zerbricht. Hebe dann mit der flach geführten Pinzette die Bruchstücke ab, bis ein etwa 2-Mark-Stück großes Loch entstanden ist.

2. Halte ein Stück der Eischale gegen das Licht.

Beobachtung: ______________________________

____

3. Blicke in das geöffnete Hühnerei.

Beobachtung: ______________________________

____

____

4. Wippe das Ei hin und her und betrachte dabei die Lage des Eidotters.

Beobachtung: ______________________________

____

5. Erweitere nun das Loch in der Eischale und lasse den Dotter und den Rest des Eiweißes in das Becherglas fließen. Schau in das Innere der leeren Eischale.

Beobachtung: ______________________________

____

Aufgaben:

a) Notiere deine Beobachtungen und trage sie bei den jeweiligen Versuchen ein.

b) Erkläre die Beobachtungen, die du bei 2 und 4 gemacht hast.

____

____

____

____

____

____

A: ______________________

B: ______________________

C: ______________________

1. Trage die Bezeichnungen der drei Methoden der Hühnerhaltung unter der jeweiligen Abbildung ein und erläutere sie kurz. Nenne dabei auch arteigene Verhaltensweisen, die die Hühner noch zeigen können.

2. Begründe, warum die Wirtschaftlichkeit der drei Methoden in der Bildreihenfolge von links nach rechts zunimmt.

58 Der Bau der Zauneidechse

Das Skelett einer Zauneidechse

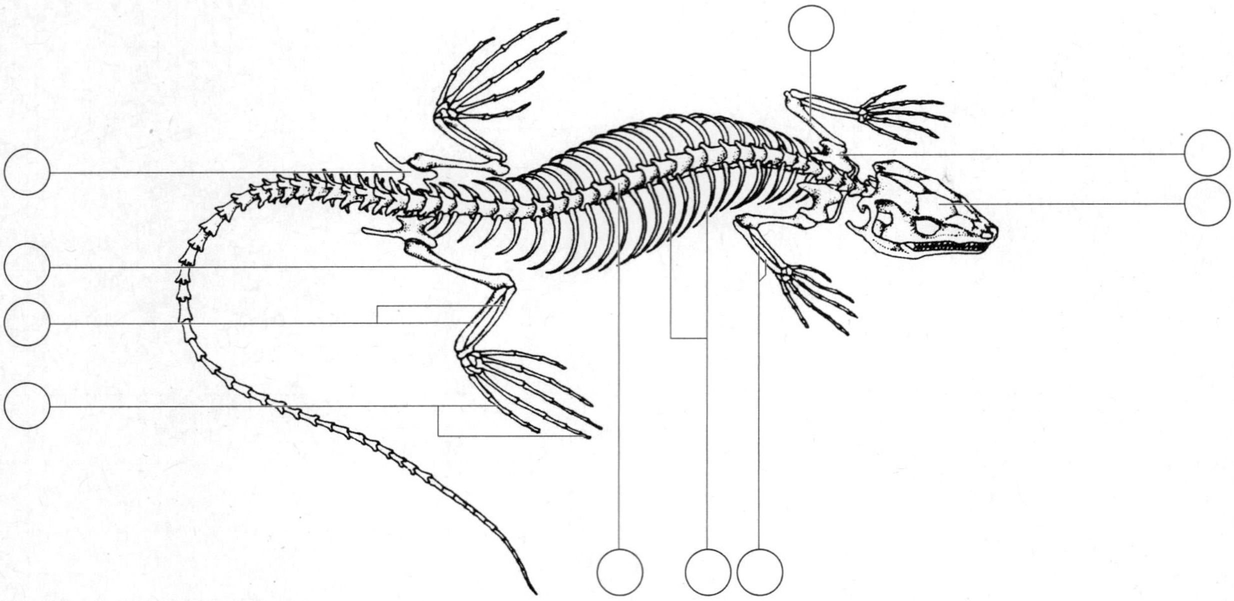

Die inneren Organe der Zauneidechse

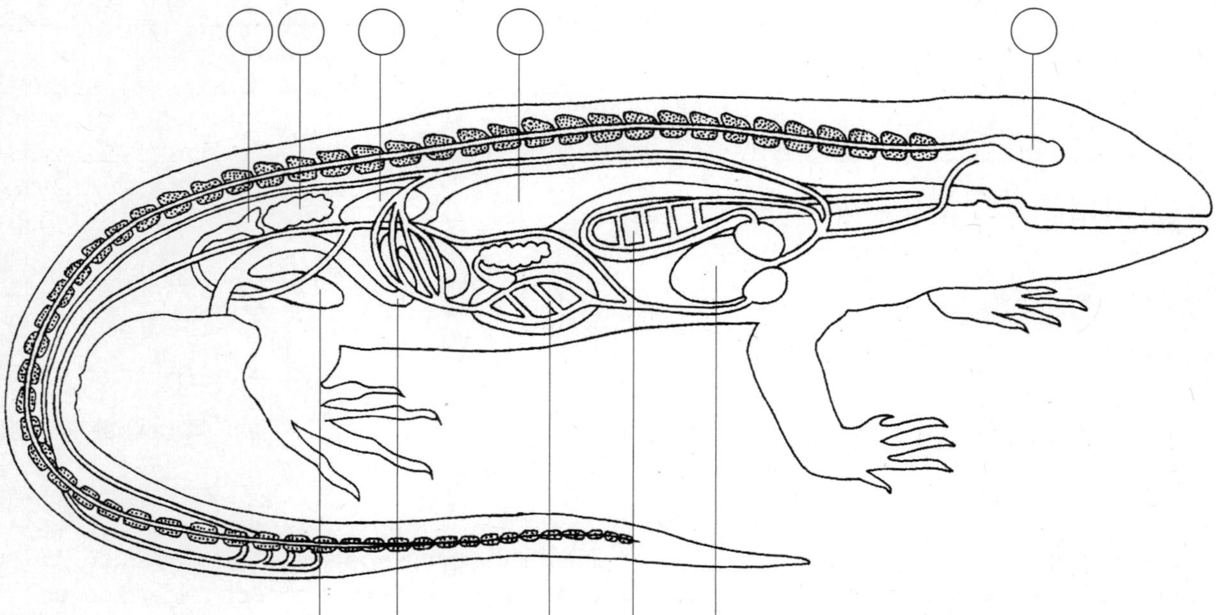

1. Beschrifte die beiden Abbildungen, indem du der oberen Abbildung die folgenden Buchstaben und dem unteren Bild die Ziffern zuordnest:

Becken (A), Schulterblatt (B), Oberarm (C), Schädel (D), Unterarm (E), Zehen (F), Wirbelsäule (G), Oberschenkel (H), Unterschenkel (I), Rippen (J),

Niere (1), Eierstock (2), Darm (3), Herz (4), Eileiter (5), Magen (6), Leber (7), Gehirn (8), Lunge (9), Harnblase (10).

Schildkröten – Kriechtiere mit Besonderheiten

Wichtige Besonderheiten der Schildkröte kann man erkennen, wenn man ihr Skelett untersucht.

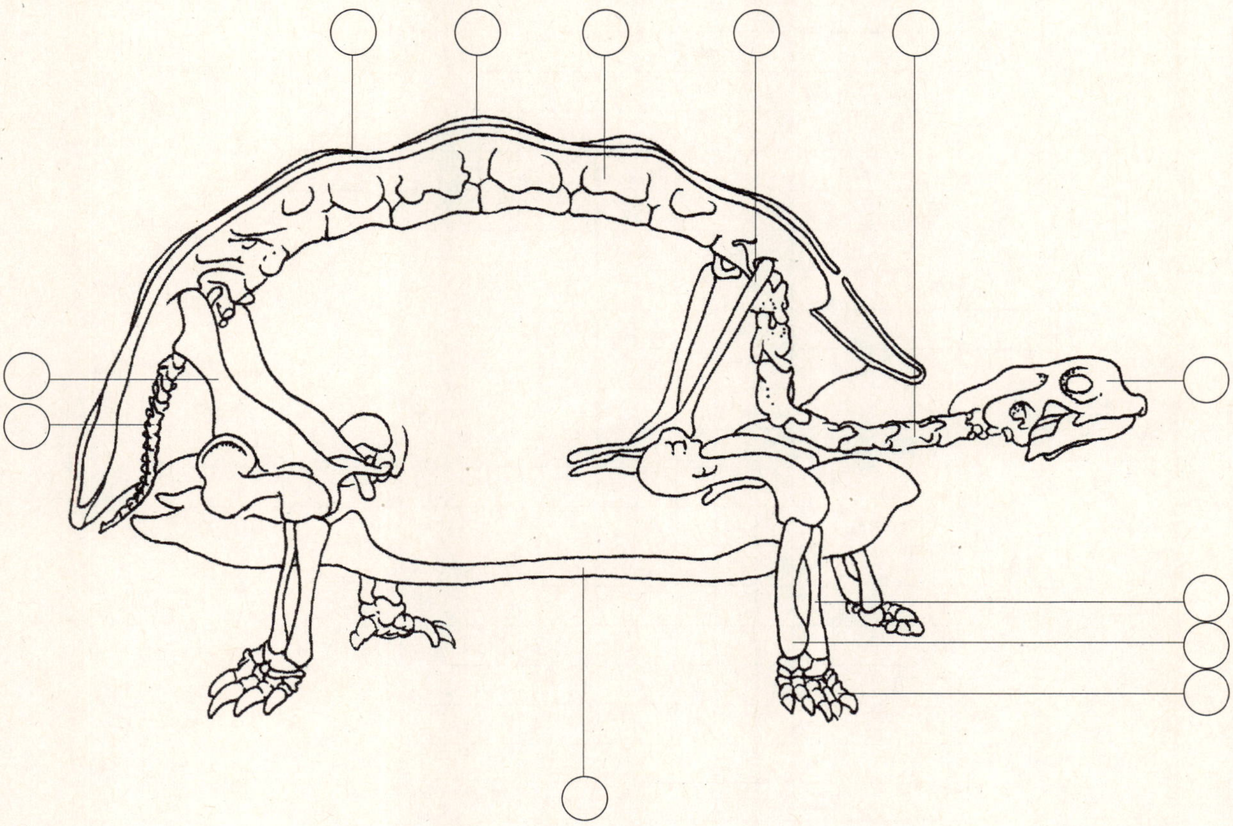

1. Benenne die Teile eines Schildkrötenskeletts, indem du in den jeweils leeren Kreis den entsprechenden Buchstaben schreibst: Ⓐ Elle; Ⓑ Fußknochen; Ⓒ Speiche; Ⓓ Bauchpanzer; Ⓔ Hornschild; Ⓕ Knochenplatte, Ⓖ Wirbel (der Wirbelsäule); Ⓗ Becken; Ⓘ Schwanzwirbelsäule; Ⓙ Halswirbelsäule; Ⓚ Schulterblatt; Ⓛ Schädel; Ⓜ Bauchpanzer.

2. Nenne die besonderen Merkmale des Schildkrötenskeletts, die sie von anderen Kriechtieren unterscheiden.

60 Ein Rätsel – Kriechtiere

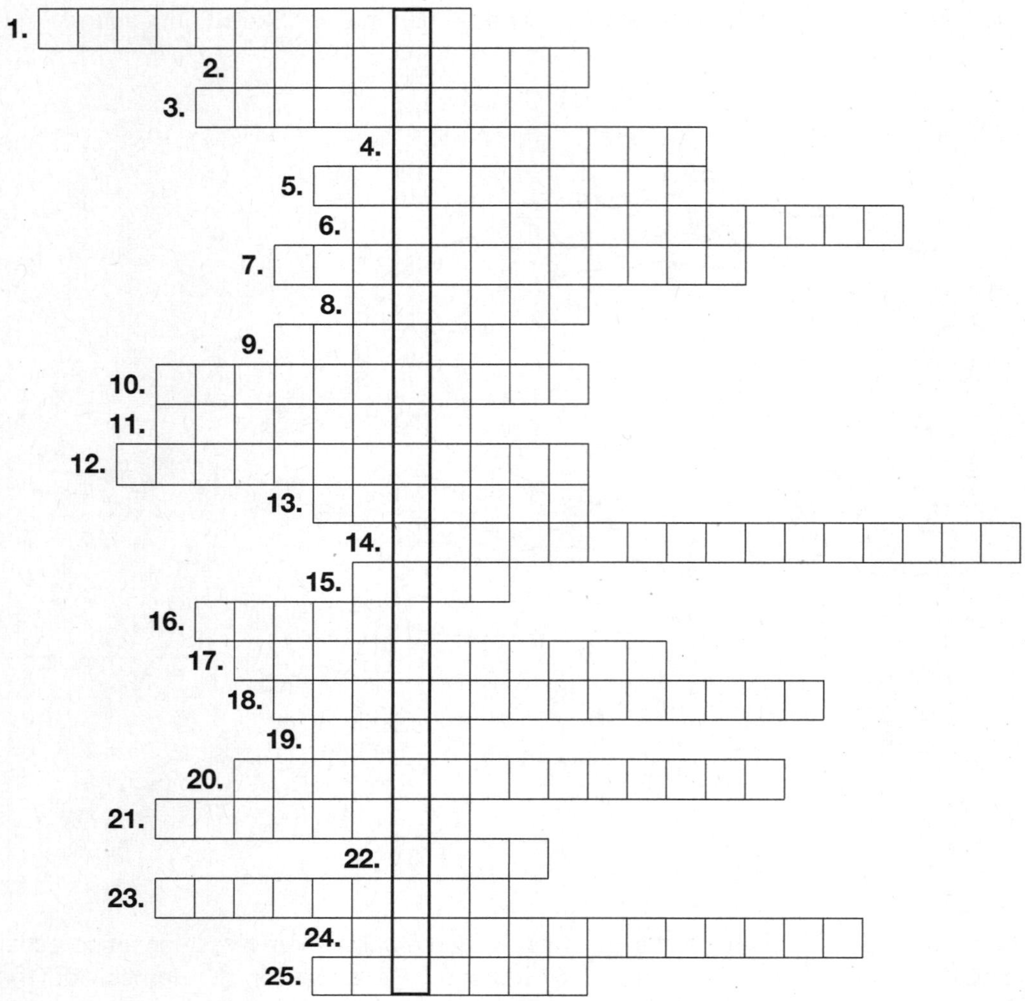

1. Reptilien sind nicht gleichwarm, sondern …
2. Wirbeltiergruppe, die wie die Reptilien landlebend ist und kein Fell und keine Federn hat.
3. Gruppe der Reptilien ohne Gliedmaßen.
4. Waffe einer Giftschlange.
5. Giftige Schlange, kommt in Mitteleuropa vor.
6. Sieht aus wie eine Schlange, ist aber keine.
7. Heimische Eidechse.
8. Krokodilartiges Reptil Südamerikas.
9. Vorgang, bei dem sich Reptilien ihres Schuppenpanzers entledigen.
10. Deutsche Bezeichnung für Reptilien.
11. Körperbedeckung der Reptilien.
12. Sehr alte Reptiliengruppe.
13. Vorgang, bei dem Reptilien ihre Zunge rhythmisch herausstoßen und so Duftstoffe aufnehmen.
14. In Mitteleuropa vorkommende Schildkröte.
15. Reptilien legen ...
16. Schlange „laufen“ auf ...
17. Schlangen haben keine ...
18. Der Körper einer Eidechse ist umgeben von einem ...
19. Die Pupille der Ringelnatter ist ...
20. Deutscher Name für die Boa constrictor.
21. Reptil von beträchtlicher Größe, das auch einen Menschen verschlucken kann.
22. Ermöglicht Säugetieren, gleichwarm zu sein.
23. Viele Reptilien sind vom Aussterben bedroht, daher sind sie ...
24. Gruppe von Schlangen, vor denen sich Menschen besonders fürchten.
25. Gruppe der Eidechsen.

Die Buchstaben in den stark umrandeten Kästchen ergeben, von oben nach unten gelesen, eine Aussage zur Giftigkeit einer Schlangenart.

Kreuzotter oder Ringelnatter?

Ringelnatter

Lebensraum: an Teichen, Tümpeln; schwimmt auch im Wasser

Aussehen: aschgrau bis schwarz, dunkles Zickzackband auf dem Rücken

Länge: bis 150 cm

Nahrung: Eidechsen, Mäuse, Frösche

Giftigkeit: ja

Merkmale im Kopfbereich:

Äußere Gestalt

Kreuzotter

Lebensraum: Wälder, Heide, Moore, an Baumstümpfen, Holzhaufen

Aussehen: schiefergrau mit gelblich-weißem Fleck an beiden Seiten des Kopfes

Länge: bis 85 cm

Nahrung: Frösche, Molche, kleine Fische

Giftigkeit: nein

Merkmale im Kopfbereich:

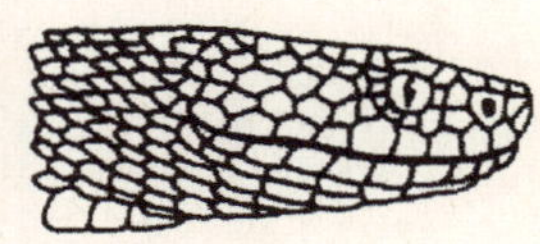

Äußere Gestalt

1. Schneide die einzelnen Kästchen aus und klebe sie richtig unter die Überschriften „Ringelnatter“ bzw. „Kreuzotter“ in dein Heft.

Temperatursteuerung bei Eidechsen

Eidechsen gehören zu den wechselwarmen Tieren. Ihre Körpertemperatur ist daher von der Umgebungstemperatur direkt abhängig. Dennoch kann die Eidechse bei sonnigem Wetter durch ihr Verhalten die Körpertemperatur in bestimmen Grenzen beeinflussen.

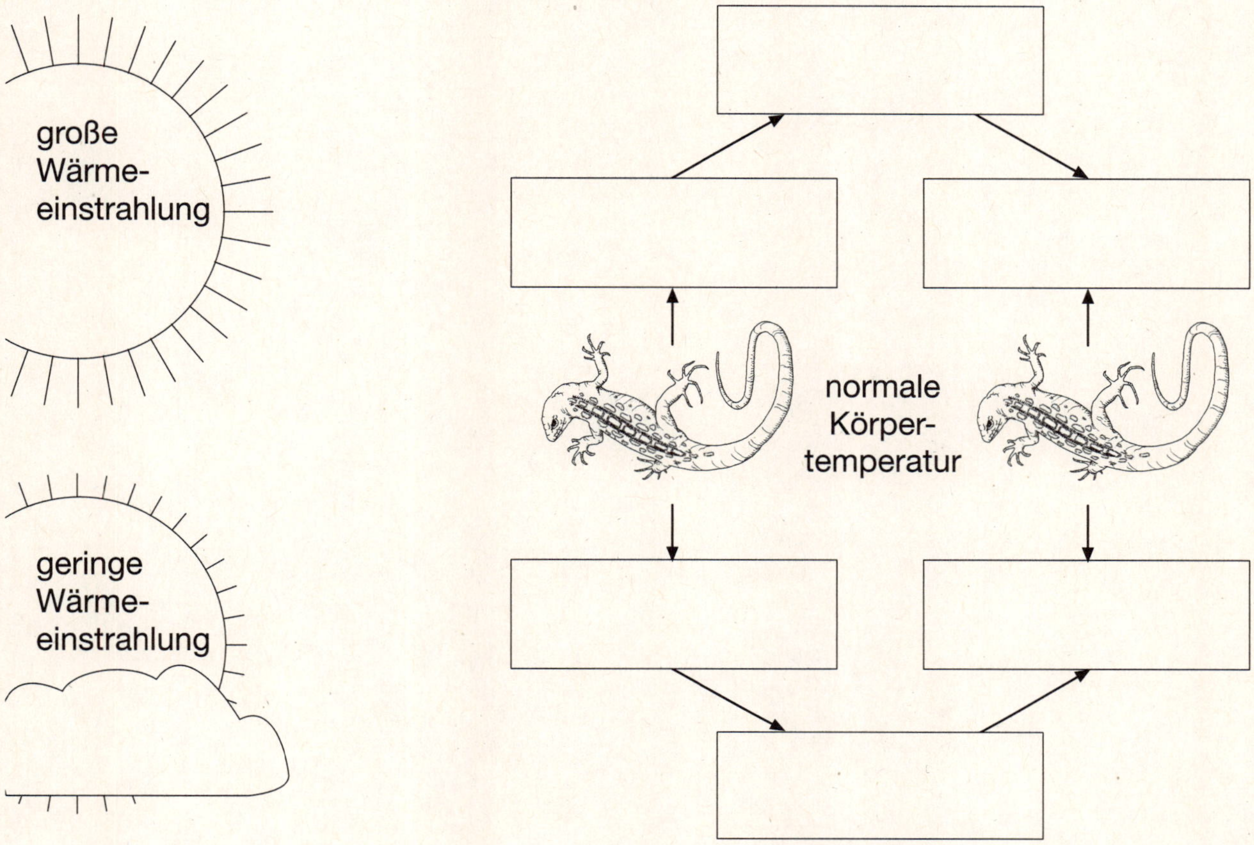

1. Beschreibe das Verhalten der Zauneidechse bei großer und geringer Wärmeeinstrahlung. Schneide dazu die folgenden Aussagen aus und klebe sie auf die richtigen Felder.

Die Körpertemperatur steigt	Das Tier sucht sonnige Plätze auf	Die Wärmeaufnahme vergrößert sich
Die Wärmeaufnahme verringert sich	Die Körpertemperatur sinkt	Das Tier sucht schattige Plätze auf

2. Begründe, warum diese Form der Verhaltensänderung nur bei höheren Außentemperaturen möglich ist.

___

___

___

A Schädel der Kreuzotter bei geöffnetem und geschlossenem Maul

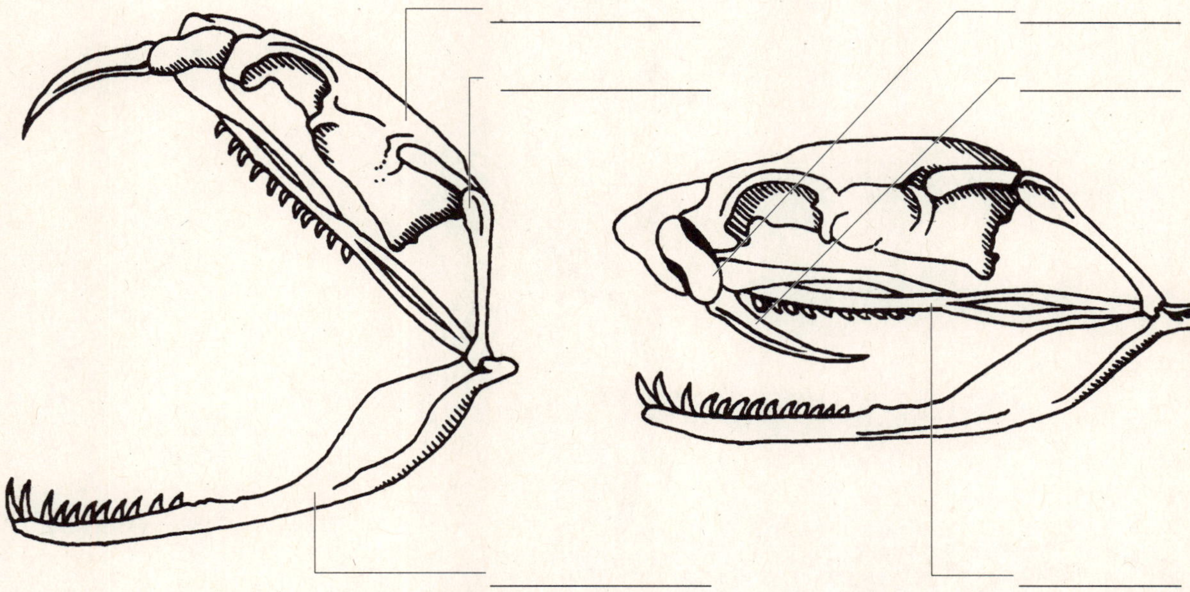

B Modell des Kieferapparates mit aufgerichtetem und eingeklapptem Giftzahn

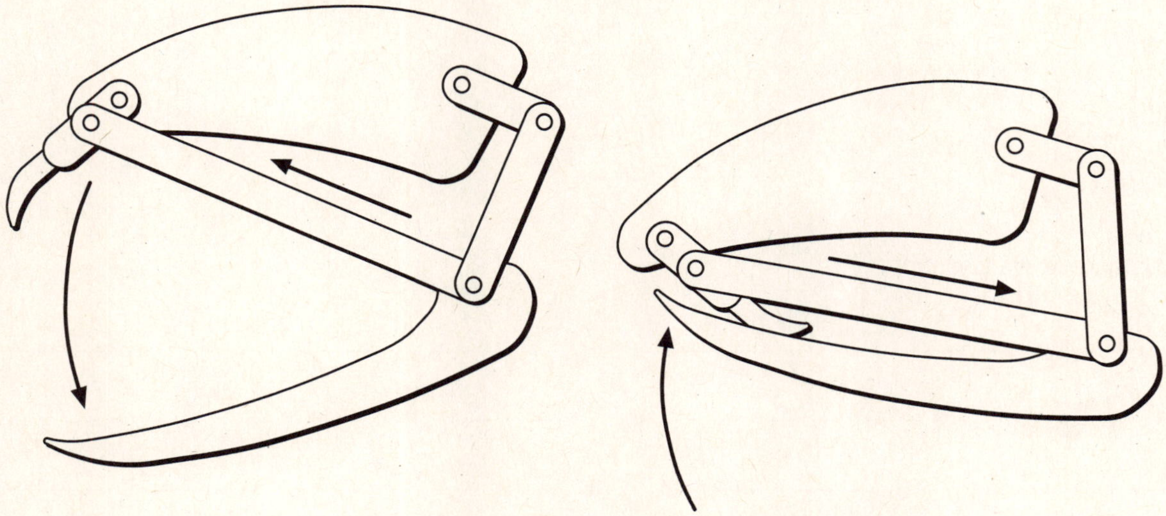

1. Beschrifte die Abbildungen des Schädels einer Kreuzotter.

2. Erläutere anhand der Modellabbildungen zum Kieferapparat, wie der Giftzahn eingeklappt und aufgerichtet wird.

____

____

____

____

Das Skelett eines Froschlurches

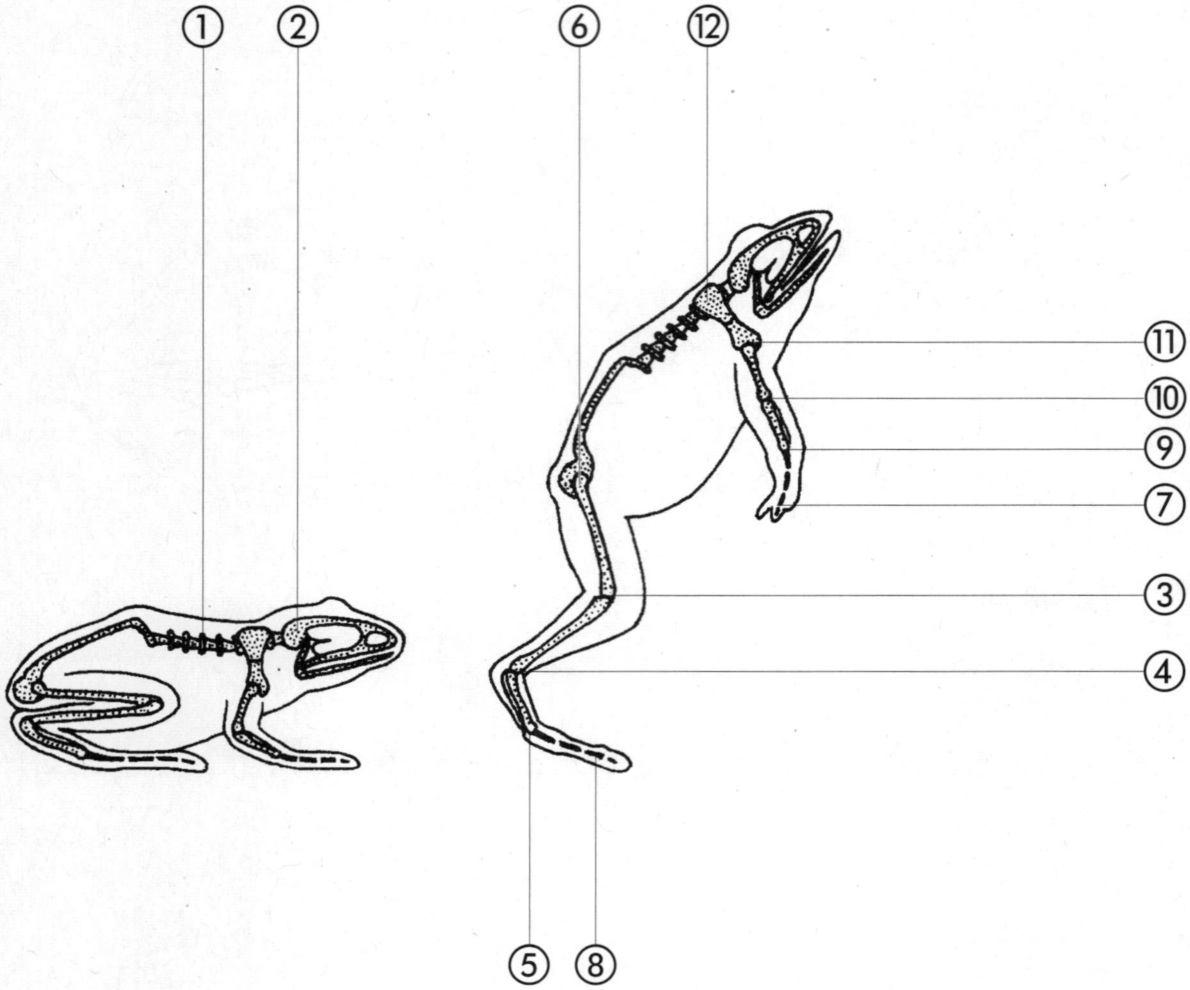

1. Vervollständige die Beschriftung.

① ______________________________ ⑦ ______________________________

② ______________________________ ⑧ ______________________________

③ ______________________________ ⑨ ______________________________

④ Fersengelenk ______________________ ⑩ ______________________________

⑤ ______________________________ ⑪ ______________________________

⑥ ______________________________ ⑫ Kreuzgelenk ______________________

2. Welche Teile des Skeletts sind hauptsächlich am Fangsprung des Frosches beteiligt?

____

____

____

Der Sprung des Frosches als Daumenkino

Materialien: Schere, Klebstoff

Durchführung:

1. Schneide die 9 Karten entlang der äußeren, durchgezogenen Linie aus. Achte darauf sehr gerade zu schneiden, andernfalls funktioniert das Daumenkino nicht

2. Der Klebstoff wird auf die schraffierten gekennzeichneten Flächen gebracht. Die Karte Nr. 9 ist die unterste, darauf wird Karte Nr. 8 geklebt usw.

3. Fächere die Karten nun schnell von oben nach unten auf.

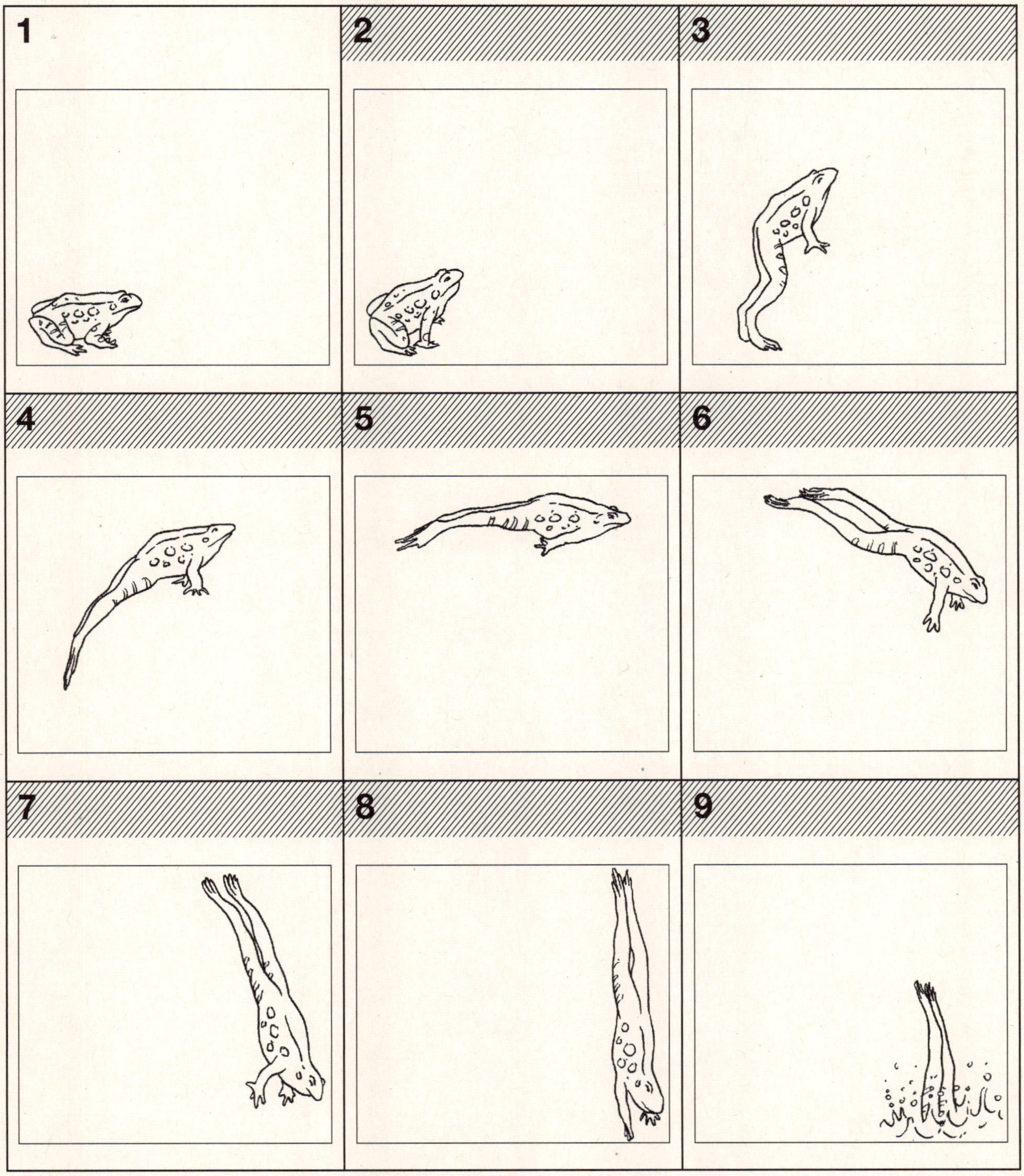

Der Sprung des Frosches

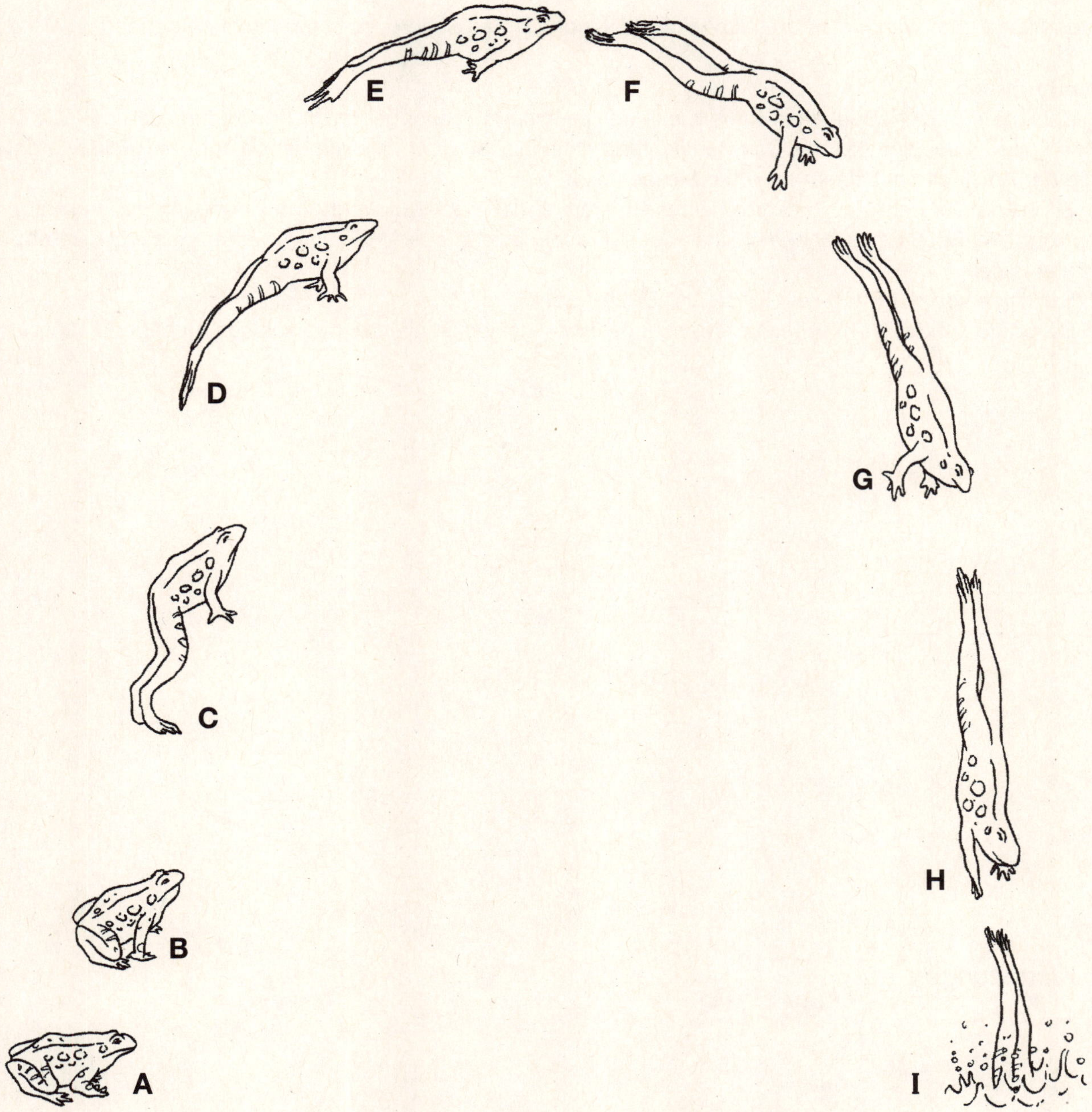

1. Beschreibe die einzelnen Phasen des Froschsprunges. Achte dabei besonders auf die beteiligten Körperteile.

70 Bau eines Klappzungenmodells

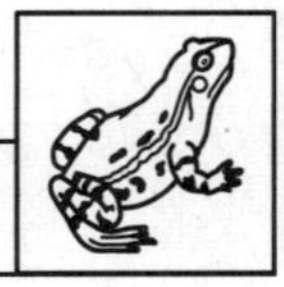

Material:
Pappe (ca. 1 mm stark), starker Zeichenkarton, Lineal, Zirkel, Schere, doppelseitiges Klebeband

Durchführung:
1. Zeichne auf die Pappe einen Kreis wie in der Zeichnung B angegeben. Schneide ihn aus und falte ihn entlang der Knickfalte (falls es Schwierigkeiten beim Knicken gibt, ritze die Pappe auf der Rückseite entlang der Knickfalte mit einem scharfen Messer leicht ein).
2. Schneide aus dem Zeichenkarton einen Streifen gemäß der Abbildung A und klebe ihn auf den Pappkreis auf. Wer Spaß am Zeichnen hat, kann das „Froschgesicht" aus Abbildung C übertragen und die Pappe grün anmalen.
3. Schneide von der Pappe ein Stück als „Beute" ab.
4. Befestige auf der Unterseite der Klappzunge einen kleinen Streifen doppelseitiges Klebeband.

A **B**

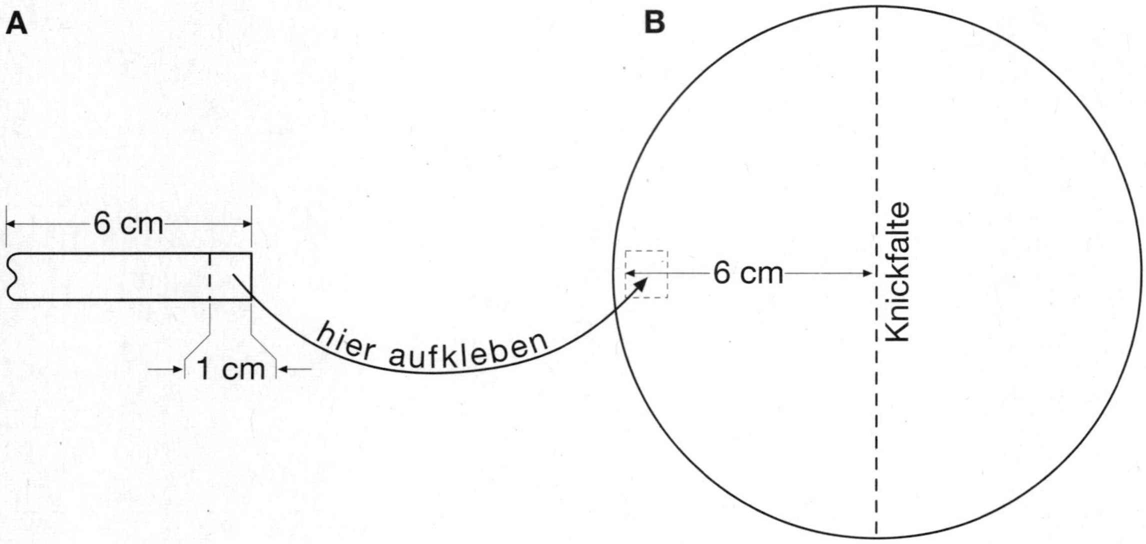

C

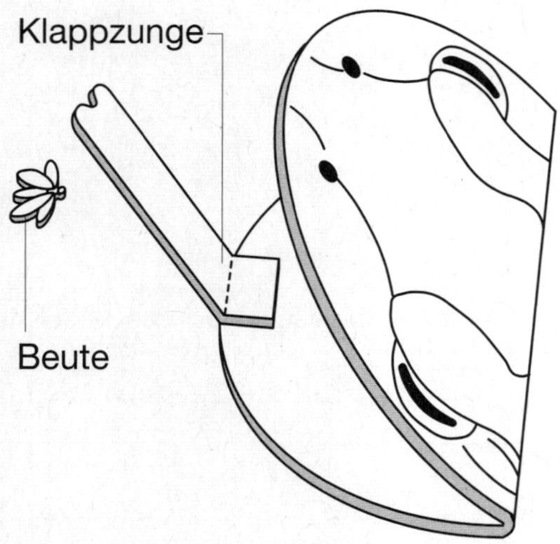

D

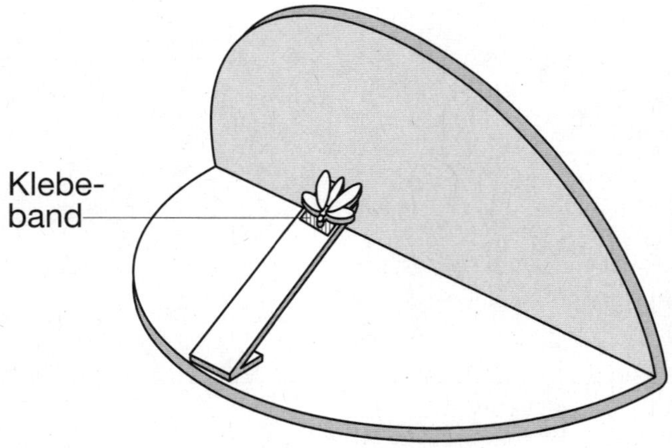

Aufgabe:
Stelle mit dem Modell, wie in den Abbildungen C–D zu sehen, den Beutefang des Frosches nach.
Hinweis: Das Froschmaul darf erst nach erfolgtem Beutefang geschlossen werden. Andernfalls klebt die Zunge im Froschmaul fest.

Entwicklungsphase

	junge Kaulquappe	ältere Kaulquappe	Frosch
	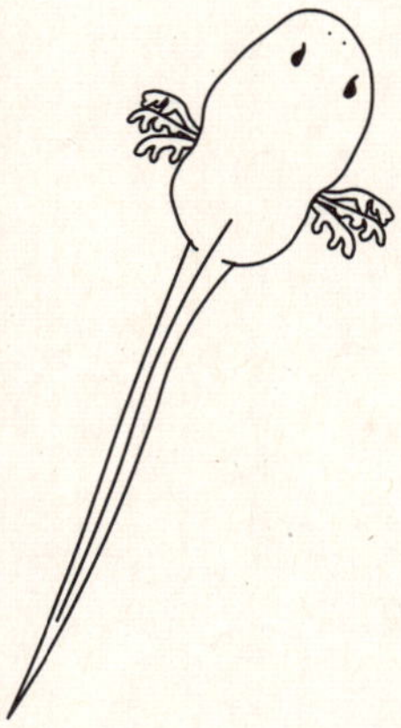		
Haut			
Lunge			
Mundboden			
äußere Kiemen			
innere Kiemen			
Sauerstoff aus der Luft			
Sauerstoff aus dem Wasser			

1. Kreuze in der Tabelle an, in welcher Entwicklungsphase die entsprechenden Atmungsorgane benutzt werden und woher der Sauerstoff stammt.

2. Male in den Abbildungen die Atmungsorgane blau an. Kennzeichne mit roten Pfeilen die Wasserbewegung bzw. den Luftstrom beim Ein- und Ausatmen.

3. Welches Atmungsorgan benutzt ein Frosch, der in einem Teich im Schlamm unter der Eisschicht überwintert?

72 Lungenatmung bei Mensch und Frosch

Frosch	Mensch
A einatmen 	**A** 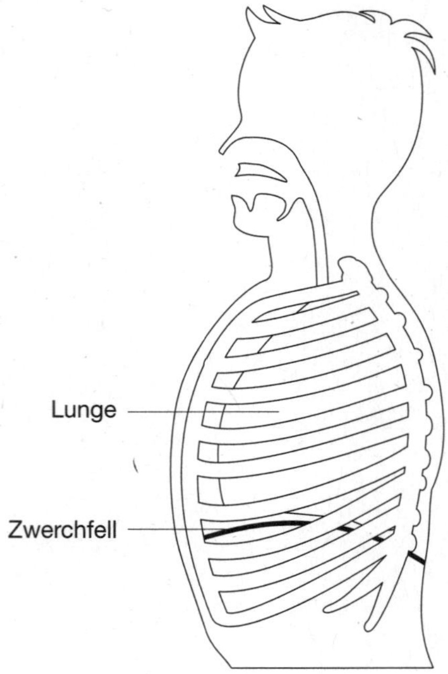
B einatmen 	
C ausatmen 	**B** 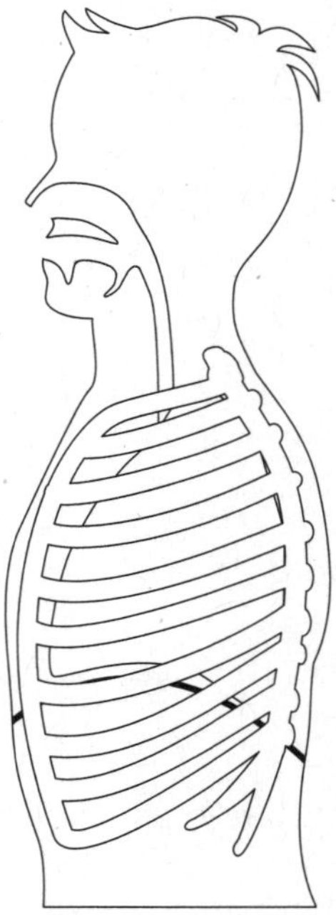
D ausatmen 	

1. Notiere in deinem Heft, wodurch die Luft beim Frosch bzw. beim Mensch in die Lungen hinein und wieder hinaus gelangt.

2. Kennzeichne in der Abbildung den Weg der Einatmungsluft rot und den der Ausatmungsluft blau.

Gestatten, mein Name ist __________. Meine Haut ist auffällig __________ gefleckt. Dadurch kann man mich leicht von meinem nahen Verwandten, dem __________ unterscheiden.

Guten Tag. Ich bin der __________. Mein auffälligstes Merkmal sind die __________ an meinen Zehen. Mein Körper hat eine __________ Farbe.

Auch ich möchte mich vorstellen: __________ ist mein Name. Zum Glück habe ich eine schlichte, __________ Haut. Deshalb bin ich nicht so auffällig wie mein Verwandter, der __________.

Und ich bin die __________. Meine Haut ist nicht glatt, sondern __________. Ich lebe an Böschungen und in Feldern. Einmal im Jahr begebe ich mich zur Fortpflanzungszeit auf die __________.

Ich bin der __________. Im Unterschied zu den Kröten ist meine Haut glatt. Da ich mich gerne im Wasser aufhalte, habe ich __________ zwischen den Zehen. Zwar sind sie nicht ganz so groß wie die des __________, aber ich komme gut damit zurecht.

Ich heiße __________. Ich gehöre zur Gruppe der __________ __________. Mein typisches Merkmal ist der seitlich __________ Schwanz.

1. Vervollständige die Lückentexte.

76 Frösche und Kröten sind bedroht

1. Beschreibe den idealen Lebensraum eines Frosches.

2. Nenne Faktoren, die den Lebensraum des Frosches bedrohen.

3. Wie lassen sich Lurche besser schützen?

Bestimme die Namen der abgebildeten Lurche mithilfe des Bestimmungsschlüssels auf S. 83. Schneide die Lurche aus und klebe sie an die richtigen Stellen des Bestimmungsschlüssels ein.

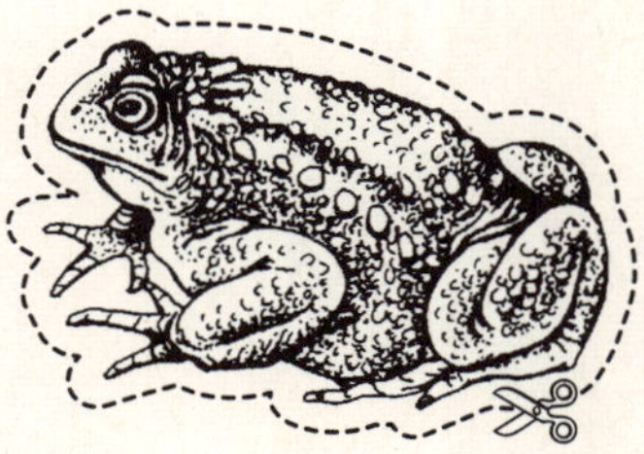

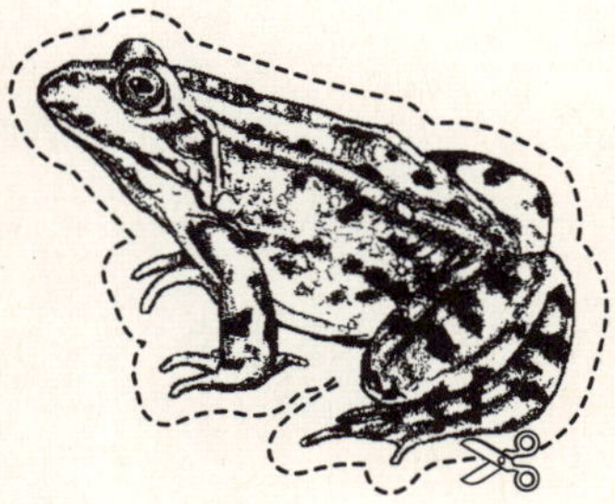

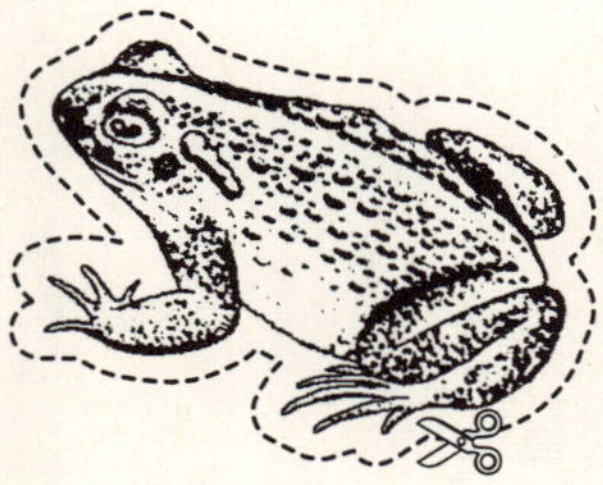

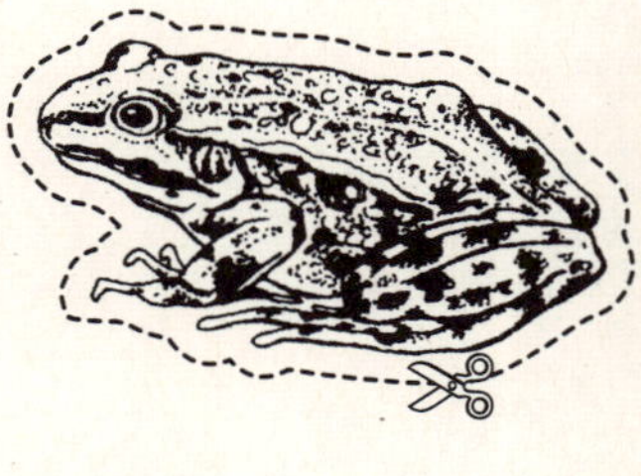

Bestimmungsschlüssel für Froschlurche (2)

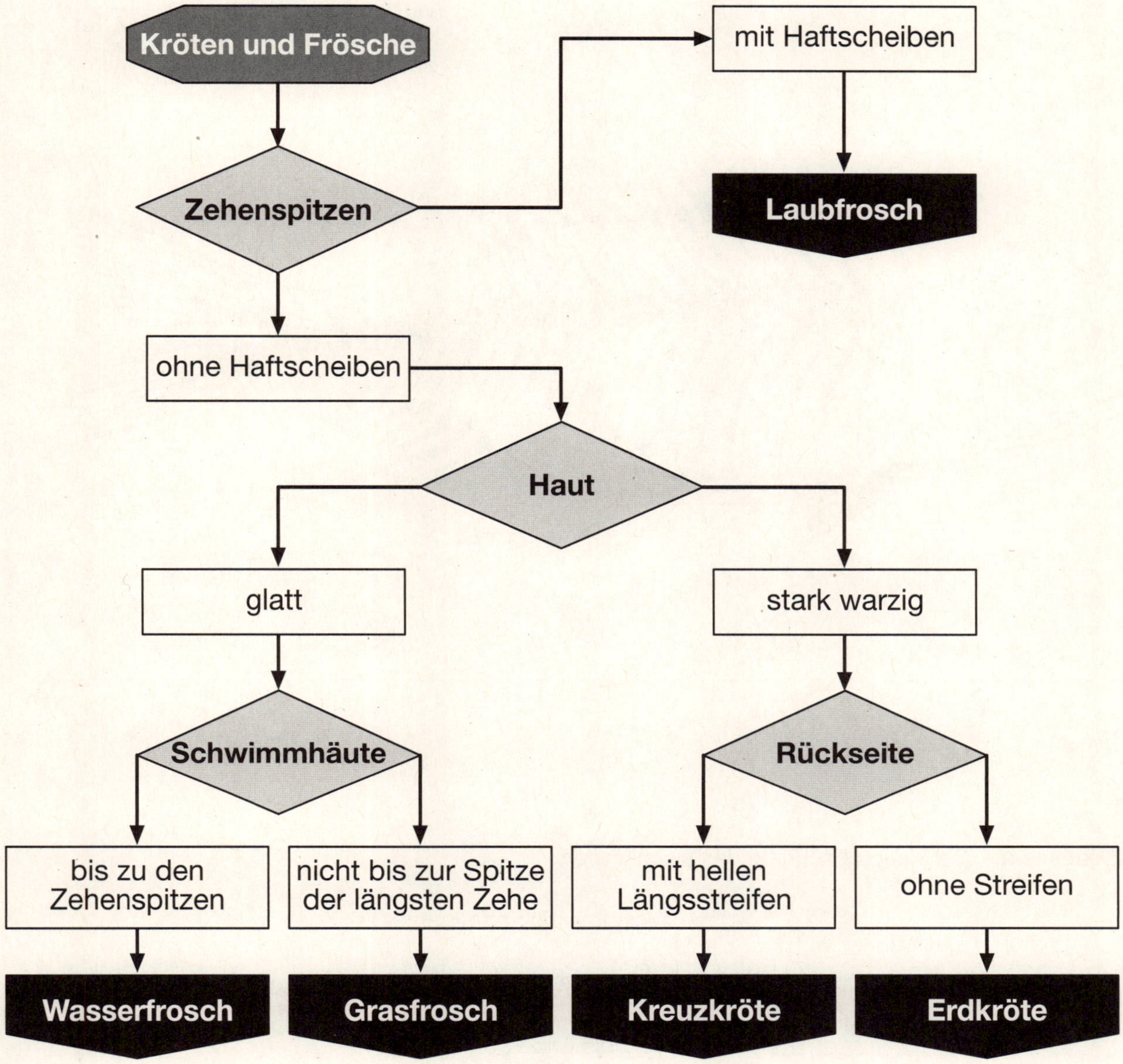

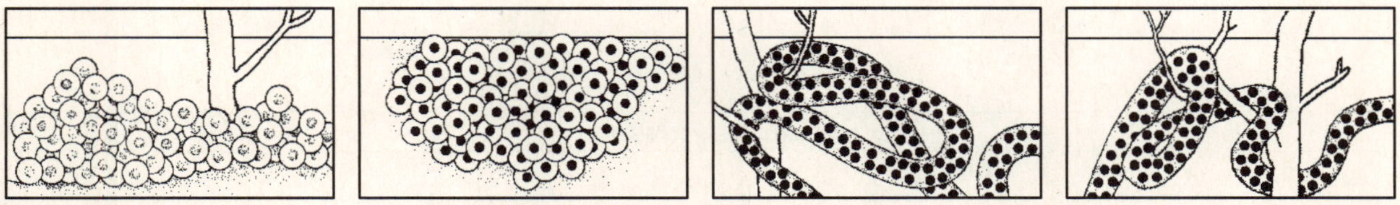

Laichballen, am Grunde liegend	Laichballen, schwimmend, dunkel	Laichschnüre	Laichschnüre

84 Körper und Flossen der Fische

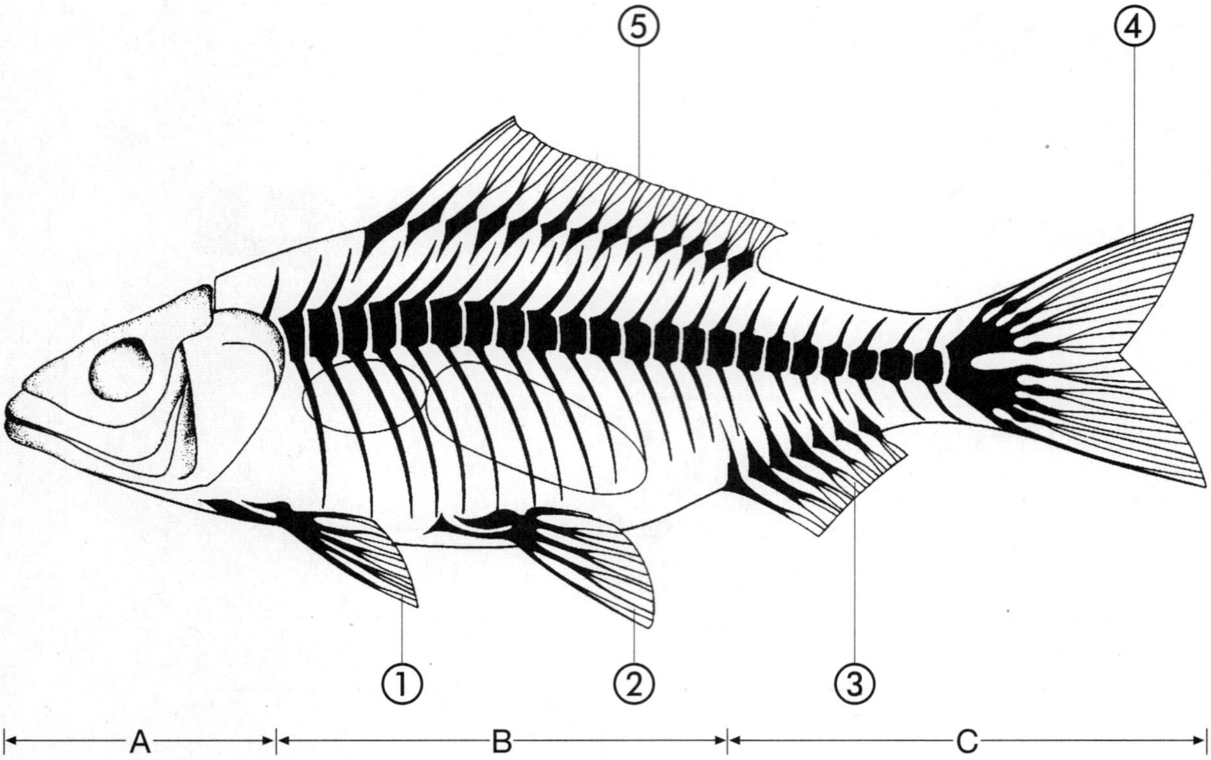

1. Benenne die drei Hauptabschnitte des Fischkörpers:

A ______________________________ (Schnauzenspitze bis Ende Kiemendeckel)

B ______________________________ (Ende Kiemendeckel bis Afteröffnung)

C ______________________________ (Afteröffnung bis Ende Schwanzflosse)

2. Trage die Namen der oben abgebildeten Flossen in die Tabelle ein. Ordne sie nach paarigen und unpaarigen Flossen und gib ihre jeweilige Funktion an.

Bezeichnung der Flossen	**Funktion**
paarige Flossen:	
unpaarige Flossen:	

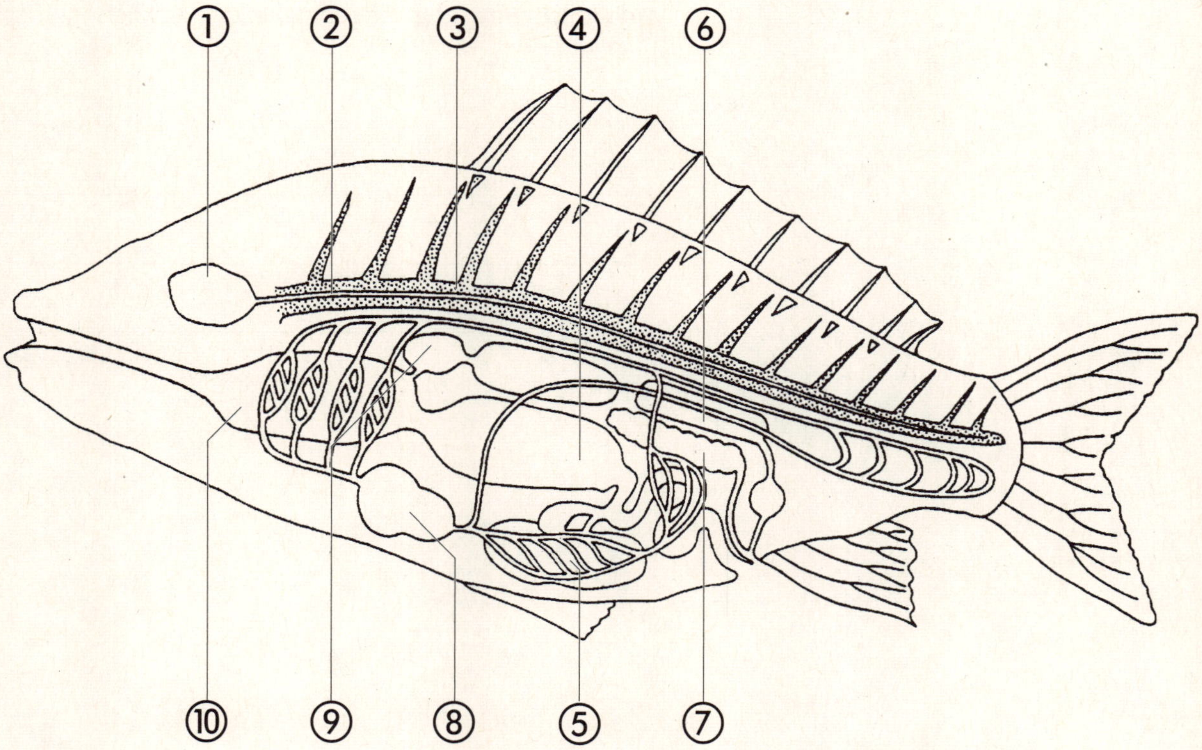

1. Ordne den Ziffern das entsprechende Organ zu und gib dessen Funktion an.

2. Male das Nervensystem gelb, das Blutkreislaufsystem blau bzw. rot, das Verdauungssystem grün und die Fortpflanzungsorgane orange aus.

	Bezeichnung	Funktion
①		
②		
③		
④		
⑤		
⑥		
⑦		
⑧		
⑨		
⑩		

Atmung unter Wasser

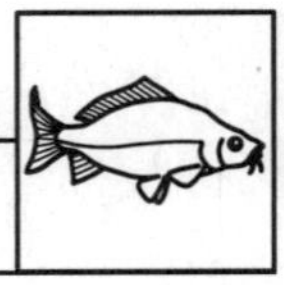

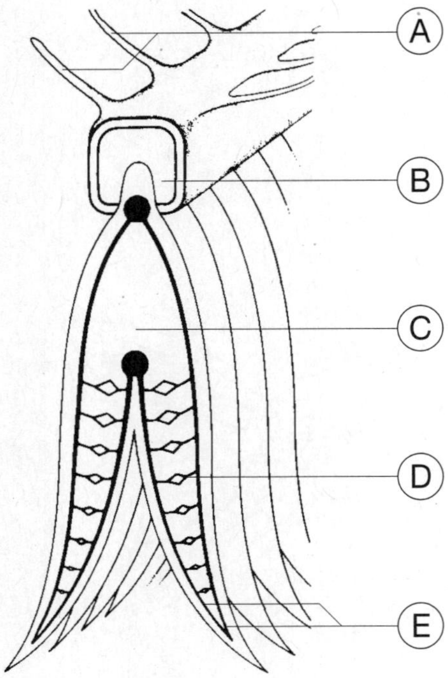

1. Beschrifte die nebenstehende Abbildung der Kiemen:

A: ______________________________

B: ______________________________

C: ______________________________

D: ______________________________

E: ______________________________

2. Welche Aufgaben übernehmen die dicht nebeneinander angeordneten Kiemenreusen?

____

____

3. Die nachfolgenden Abbildungen stellen die zwei Phasen der Kiemenatmung dar. Trage die Buchstaben neben der Abbildung in die Kreise in der Abbildung ein.

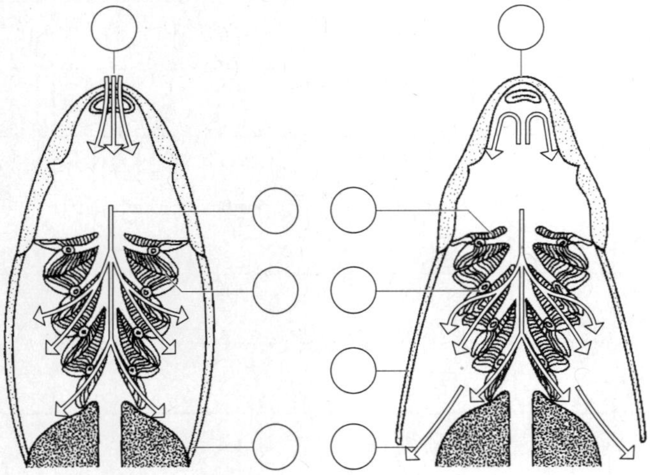

Ⓐ Fischmaul geöffnet

Ⓑ Fischmaul geschlossen

Ⓒ Kiemendeckel aufgeklappt

Ⓓ Kiemendeckel zugeklappt

Ⓔ Kiemenblättchen

Ⓕ Kiemenspalten

Ⓖ Kiemenreusen

Ⓗ sauerstoffreiches Wasser

Ⓘ sauerstoffarmes Wasser

Welche Körperform eignet sich für ein Leben im Wasser?

Materialien:
Runde Glasschale, Kolbenprober, gewinkeltes Glasrohr, Pipette, Gummischlauch, Stativ zur Befestigung des Kolbenprobers, Knetmasse, Bromthymolblau oder Universalindikator zum Färben des Wassers

Durchführung:

1. Aus der Knetmasse werden vier annähernd gleich schwere, aber unterschiedlich geformte Modelle vorbereitet.

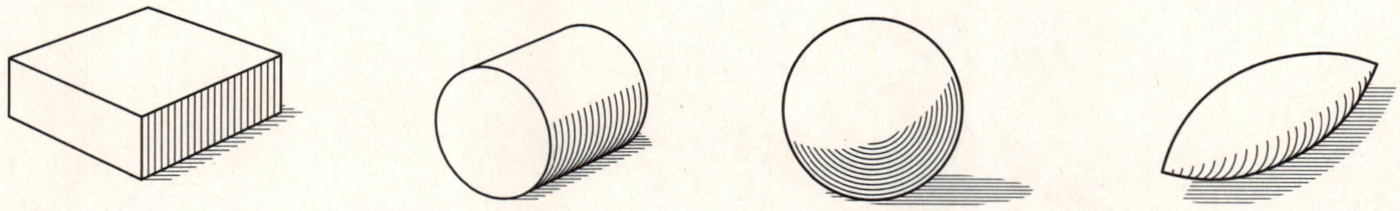

Quader Zylinder Kugel Spindel

2. Die Geräte werden entsprechend der Abbildung zusammengesetzt:

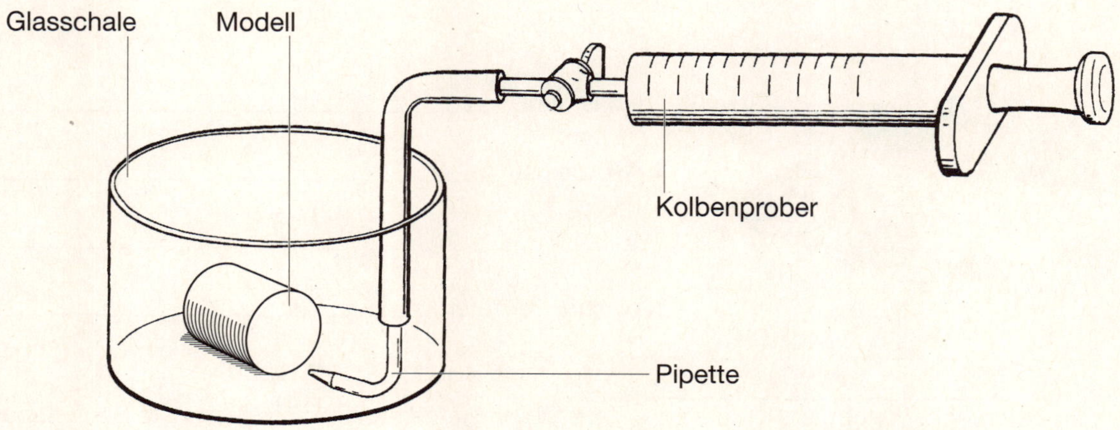

3. Die Glasschale wird mit klarem Leitungswasser gefüllt, der Kolbenprober enthält das mit der Farblösung angefärbte Wasser.

4. Die Modelle werden nacheinander so auf den Boden der mit Wasser gefüllten Schale gelegt, dass die Pipettenspitze auf die Mitte der Modellvorderseite gerichtet ist. Nun spritzt man mithilfe des Kolbenprobers einen gleichmäßigen Strahl Farblösung auf das Modell und beobachtet die Ausbreitung des Farbstoffs.

a) Zeichne mit einem roten Stift bei jedem Modell die Verteilung des Farbstoffes sein.

b) Welche Modellform eignet sich besonders für ein Leben im Wasser? Begründe deine Aussagen.

____

____

Die Körperformen der Fische (1)

Die Körperform der Fische ist keineswegs immer gleich, sondern ist vielmehr an den bevorzugten Lebensraum und die Lebensweise der betreffenden Art angepasst.

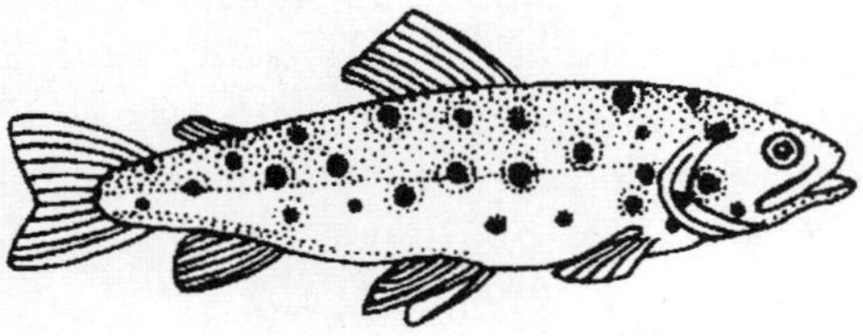

Lebensraum: ____________________

Ihr Körper ist ____________________

Typischer Vertreter: ____________________

Lebensraum: ____________________

Ihr Körper ist ____________________

Typischer Vertreter: ____________________

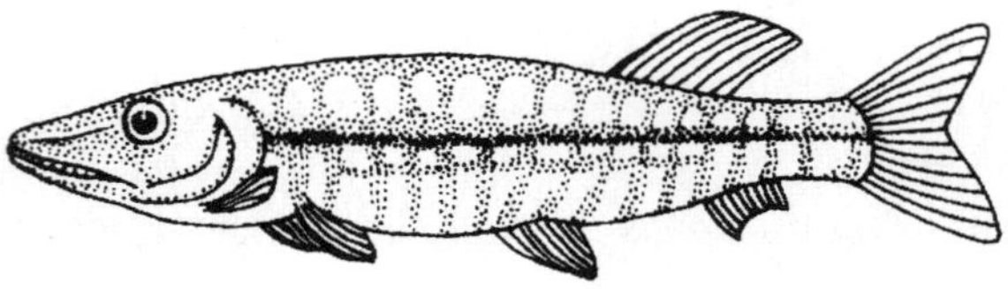

Lebensraum: ____________________

Ihr Körper ist ____________________

____

Typischer Vertreter: ____________________

Lebensraum: ____________________

Ihr Körper ist ____________________

____

Typischer Vertreter: ____________________

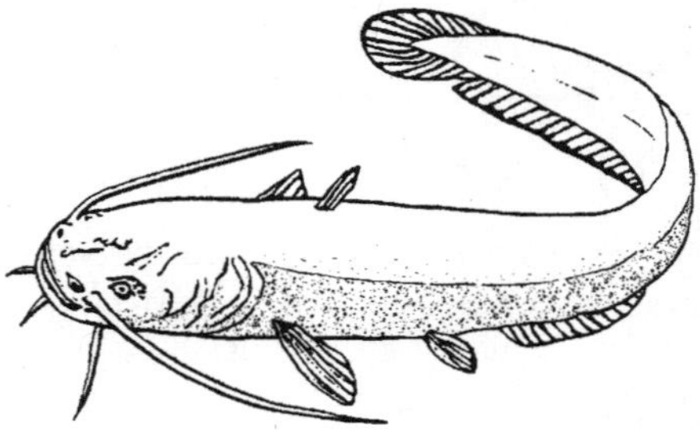

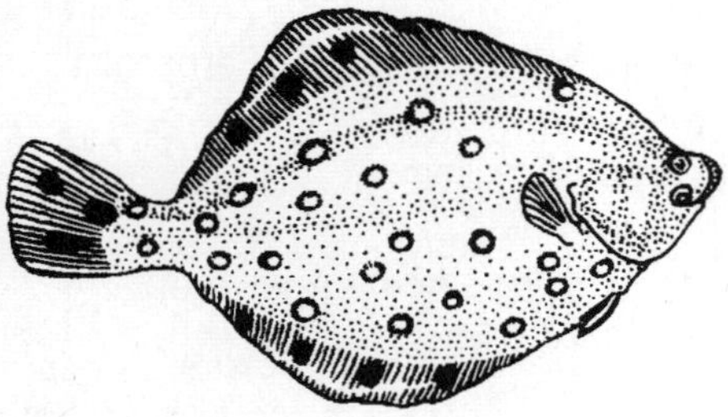

Lebensraum: ____________________

Ihr Körper ist ____________________

Typischer Vertreter: ____________________

Lebensraum: ____________________

Ihr Körper ist ____________________

Typischer Vertreter: ____________________

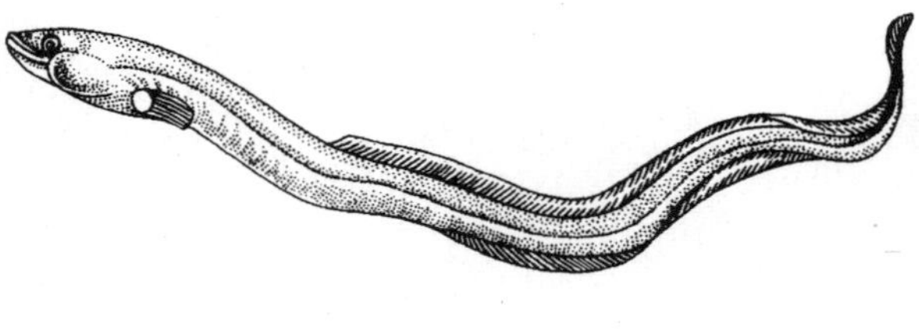

Die Körperformen der Fische (2)

1. Vervollständige das Arbeitsblatt „Körperformen der Fische (1)“. Nutze dazu die folgenden Informationen:

Lebensraum der Fische:

- Freiwasserzone. Fische der Freiwasserzone oder solche, die in schnellen fließenden Gewässern leben, besitzen eine nahezu optimale Stromlinienform, sodass der Wasserwiderstand verringert wird.

- Dicht bewachsene Uferzonen. Fische dieses Lebensraumes sind hochrückig, bewegen sich langsam aber geschickt durch die Pflanzenbestände.

- Verkrautete Uferregionen. Hier lauern Fische nahezu regungslos auf Nahrung, um dann durch rasches pfeilartiges Zustoßen ihre Beute zu fangen.

- Weicher Boden. Einige Fische haben sich an ein Leben am Gewässergrund angepasst. Sie benötigen weichen Boden. Ihr Körper ist breiter und flacher.

- Im Untergrund. Bei Plattfischen hat sich die linke Körperseite zur Unterseite, die rechte zur Oberseite entwickelt. Sie können sich mit einer Seite flach an den Boden schmiegen oder sich fast ganz in den Sand eingraben.

- Gewässergrund. Bei manchen Fischen, die am Grund leben, ist die Körperachse stark verlängert.

Körperform:

- schlangenförmig

- tellerförmig

- von oben nach unten zusammengedrückt

- pfeilförmig

- spindel- oder torpedoförmig

- seitlich zusammengedrückt, hochrückig

Typische Vertreter:

- Hecht

- Forelle

- Karpfen

- Wels

- Aal

- Scholle

90 Stammbaum der Wirbeltiere

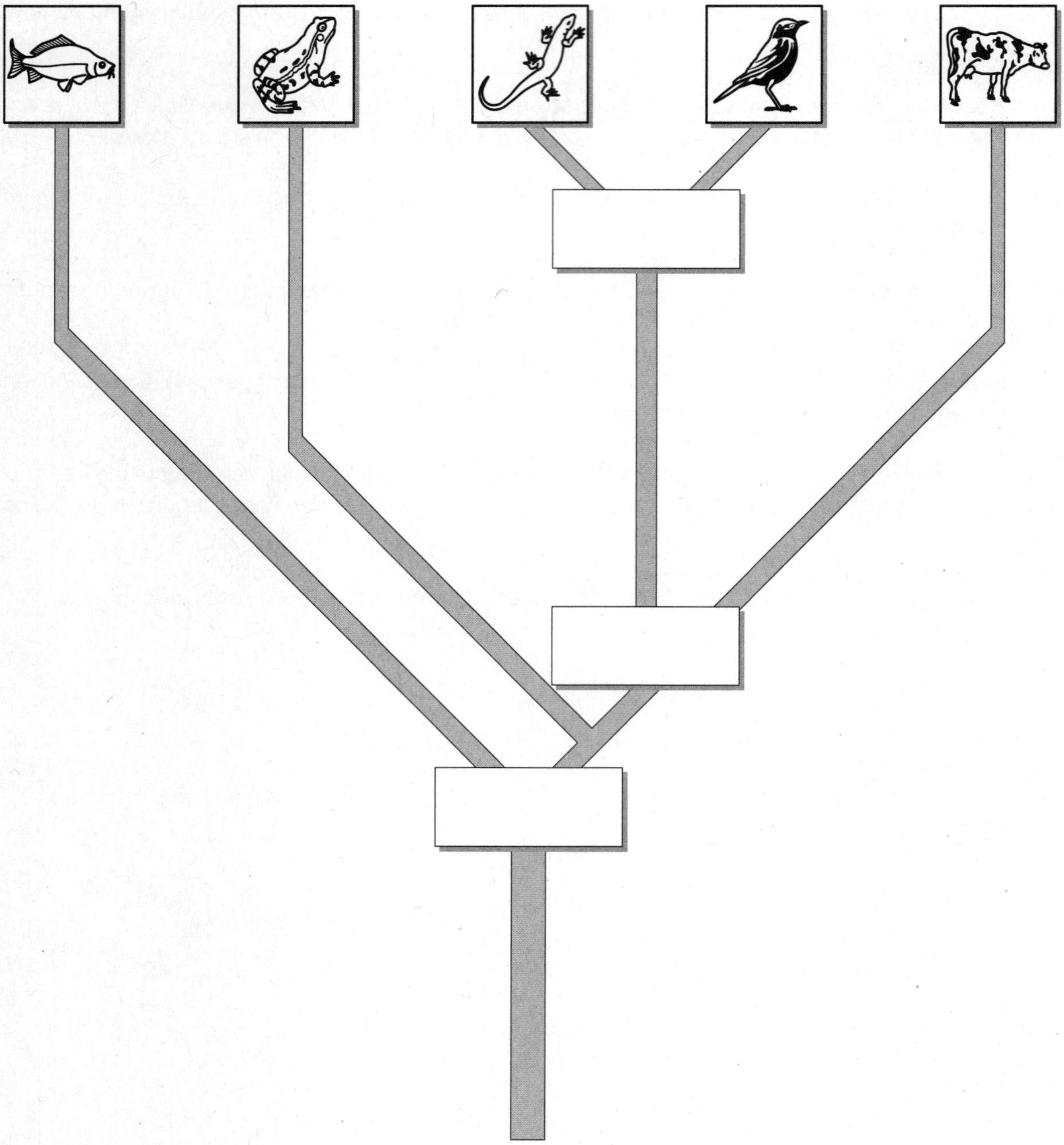

1. Brücktiere sind Übergangsformen, die Merkmale zweier Tierklassen in sich vereinen und so die Stammesentwicklung der Wirbeltiere belegen. Schreibe die Namen der abgebildeten Brückentiere an passender Stelle in den Stammbaum.

Schnabeltier

Urvogel

Urlurch

Saurier

1,8 m lang, 1 m hoch

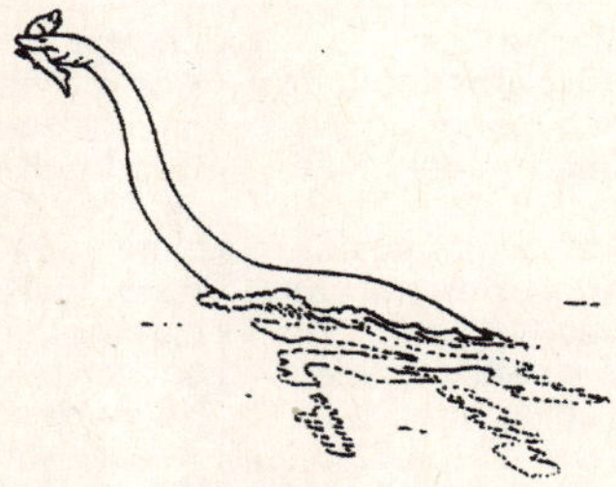

6 m lang, 3 m hoch

6 m lang, 2 m hoch

Spannweite 10 m, 1 m hoch

14 m lang, 6 m hoch

30 m lang, 13 m hoch

1. Die Bilder zeigen verschiedene Saurier; alle sind in der gleichen Größe dargestellt. Du findest Angaben zur wirklichen Größe der Tiere. Um die Größenverhältnisse zu verdeutlichen, zeichne neben jedes Bild die maßstabsgerechte Skizze eines etwa 1,50 m großen Schülers.

Verwende für den Menschen folgendes Symbol: 

2. Schreibe an jedes Tier seinen Namen und seinen Lebensraum.

92 Merkmale der Wirbeltierklassen (1)

	Fische **Körperbedeckung:** Schuppen **Gliedmaßen:** Flossen **Atmung:** Kiemen **Körpertemperatur:** wechselwarm **Vermehrung:** Eier; wenige Arten lebendgebärend, z. B. Guppy	**Lurche** **Körperbedeckung:** nackte Haut **Gliedmaßen:** 4 Beine; vorn 4 Finger, hinten 5 Zehen **Atmung:** Kiemen bei Larven; Lungen bei erwachsenen Tieren **Körpertemperatur:** wechselwarm **Vermehrung:** Eier; Entwicklung über eine vollständige Verwandlung; Alpensalamander lebendgebärend	**Kriechtiere** **Körperbedeckung:** Schuppen **Gliedmaßen:** 4 Beine **Atmung:** Lungen **Körpertemperatur:** wechselwarm **Vermehrung:** Eier; wenige Arten lebendgebärend, z. B. Waldeidechse	**Vögel** **Körperbedeckung:** Federn **Gliedmaßen:** 2 Flügel, 2 Beine **Atmung:** Lungen **Körpertemperatur:** gleichwarm **Vermehrung:** Eier	**Säugetiere** **Körperbedeckung:** Haare **Gliedmaßen:** 2 Arme und 2 Beine oder 4 Beine **Atmung:** Lungen **Körpertemperatur:** gleichwarm **Vermehrung:** gebären lebende Junge, die mit Muttermilch ernährt werden
äußere Gestalt					
Skelett					
Körperbedeckung					
Atemorgane					

Merkmale der Wirbeltierklassen (2)

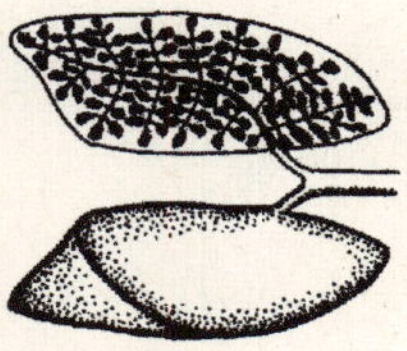
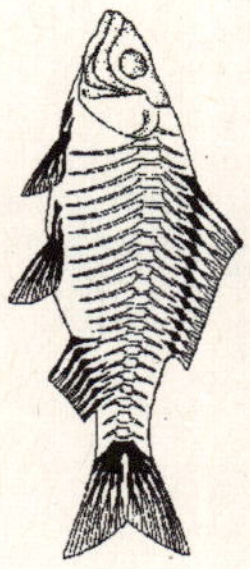

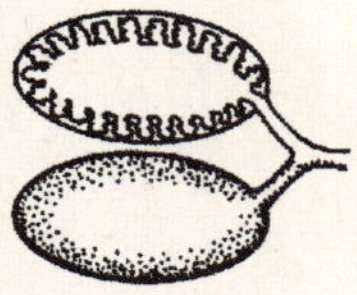
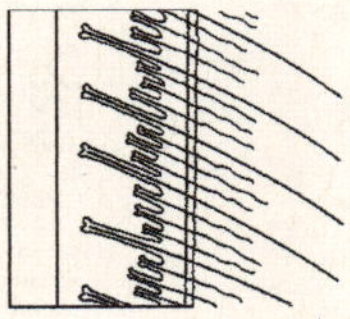

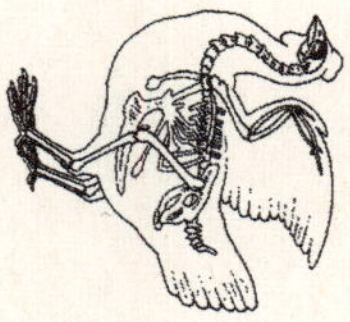

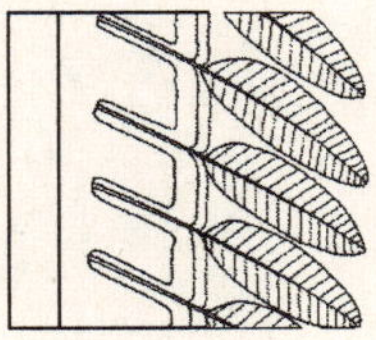
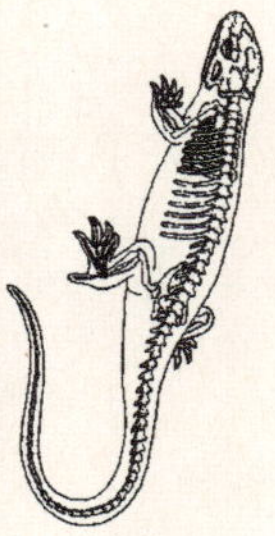
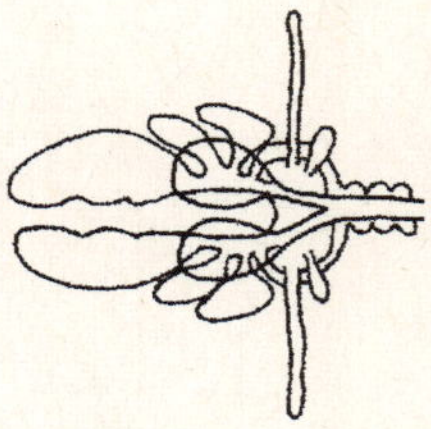

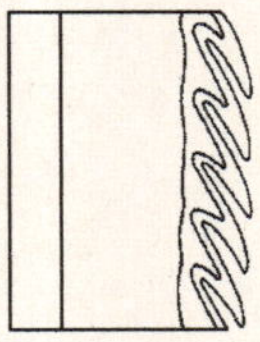
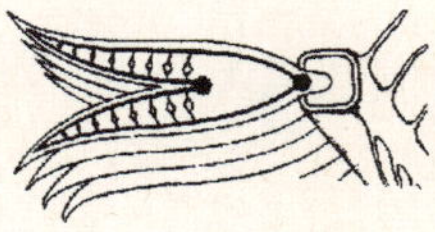

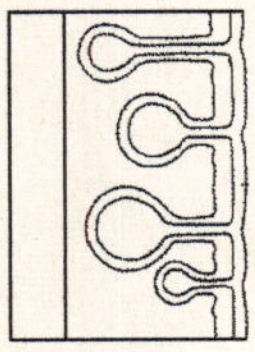
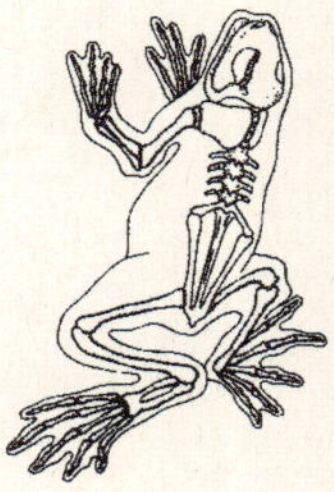

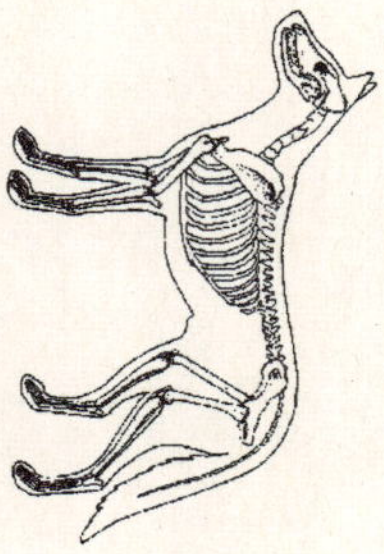

1. Schneide die einzelnen Abbildungen aus und klebe sie an passender Stelle in das Arbeitsblatt Merkmale der Wirbeltierklassen (1) ein.

Welches Tier ist das? (1)

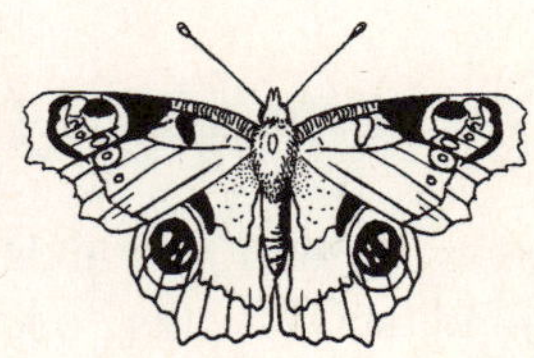

96 Welches Tier ist das? (2)

1. Auf dem vorherigen Arbeitsblatt sind verschiedene Tiere dargestellt. Mithilfe der nachfolgenden Aussagen soll eines der Tiere ermittelt werden. Trage dazu die Namen aller Tiere ein, auf die die entsprechende Aussage **nicht** zutrifft. Nach Bearbeitung sämtlicher Aussagen bleibt das entsprechende Tier übrig.

Aussage 1: Das gesuchte Tier ist ein Wirbeltier.
Folgende Tiere erfüllen diese Bedingung nicht: ______________________

Aussage 2: Das gesuchte Tier ist ein Säugetier.
Folgende Tiere erfüllen diese Aussage nicht: ______________________

Aussage 3: Das gesuchte Tier ist ein Huftier.
Folgende Tiere erfüllen diese Aussage nicht: ______________________

Aussage 4: Das gesuchte Tier ist ein Paarhufer.
Folgende Tiere erfüllen diese Aussage nicht: ______________________

Aussage 5: Das gesuchte Tier ist ein reiner Pflanzenfresser.
Folgende Tiere erfüllen diese Aussage nicht: ______________________

Das gesuchte Tier ist ein: ______________________

2. Suche dir ein weiteres Tier aus dem vorherigen Arbeitsblatt aus. Formuliere mindestens vier Aussagen, mit denen deine Mitschüler das gesuchte Tier eindeutig ermitteln können.

Aussage 1: ______________________

Folgende Tiere erfüllen diese Aussage nicht: ______________________

Aussage 2: ______________________

Folgende Tiere erfüllen diese Aussage nicht: ______________________

Aussage 3: ______________________

Folgende Tiere erfüllen diese Aussage nicht: ______________________

____

Aussage 4: ______________________

Folgende Tiere erfüllen diese Aussage nicht: ______________________

Aussage 5: ______________________

Folgende Tiere erfüllen diese Aussage nicht: ______________________

Das gesuchte Tier ist ein: ______________________